TECHNOSUP
Les FILIÈRES TECHNOLOGIQUES des ENSEIGNEMENTS SUPÉRIEURS

MATHÉMATIQUES POUR TÉLÉINFORMATIQUE

Codes correcteurs

Principes et exemples

Josèphe BADRIKIAN

DANS LA MÊME COLLECTION :

mathématiques :
- **Analyse harmonique**, Cours et exercices 192 p. (B) Bruno ROSSETTO
- **Faire des maths avec *mathematica***, Initiation, thèmes d'étude 160 p. (B) Norbert VERDIER

informatique industrielle :
- **Circuits logiques programmables**, Mémoires, PLD, CPLD, FPGA. 256 p. (B) Alexandre NKETSA

informatique :
- **La conception orientée objet, évidence ou fatalité** 224 p. (B) J.L.CAVARERO, R.LECAT
- **Conception des systèmes d'information**, Méthodes et techniques 320 p. (B) P.ANDRE, A.VAILLY
- **Pratiques récentes de spécification**, Deux exemples : Z et UML 320 p. (C) P.ANDRE, A.VAILLY
- **Approche du temps réel industriel** 160 p. (A) Jean-Marie DE GEETER
- **Interfaces graphiques ergonomiques**, Conception, modélisation 192 p. (B) Jean-Bernard CRAMPES
- **Gestion des processus industriels temps réel** 224 p. (B) Jean-Jacques MONTOIS
- **Belle programmation et langage C** 192 p. (C) Yves NOYELLE

ISBN 2-7298-0910-4

© Ellipses Édition Marketing S.A., 2002
32, rue Bargue 75740 Paris cedex 15

Le Code de la propriété intellectuelle n'autorisant, aux termes de l'article L.122-5.2° et 3°a), d'une part, que les « copies ou reproductions strictement réservées à l'usage privé du copiste et non destinées à une utilisation collective », et d'autre part, que les analyses et les courtes citations dans un but d'exemple et d'illustration, « toute représentation ou reproduction intégrale ou partielle faite sans le consentement de l'auteur ou de ses ayants droit ou ayants cause est illicite » (Art. L.122-4).
Cette représentation ou reproduction, par quelque procédé que ce soit constituerait une contrefaçon sanctionnée par les articles L. 335-2 et suivants du Code de la propriété intellectuelle.

www.editions-ellipses.com

Avant propos

> *"Que devrons nous donc penser de la machine à calculer de M. Babbage ? Que penserons-nous d'une mécanique ... qui non seulement peut calculer ... mais encore confirmer la certitude mathématique de ses opérations par la faculté de corriger les erreurs possibles ?"*
>
> Edgar Poe, "Le joueur d'échecs de Maelzel", (Trad. Baudelaire).

Dès que les hommes se sont organisés en sociétés ils ont échangé de l'information, d'abord oralement, puis peu à peu par l'écriture. Quel que soit le support utilisé, la transmission de toute information se heurte à des perturbations qui peuvent en altérer le sens. La restitution du sens à partir d'une perception erronée est un exercice auquel nous sommes habitués et qui utilise une certaine redondance de l'information transmise.

Le développement des télécommunications dans la seconde moitié du vingtième siècle, en particulier par l'utilisation systématique des satellites, conjointement à l'apparition et à la multiplication des ordinateurs ont conduit à transmettre les informations sous forme de signaux numériques et à formaliser des méthodes de codage et de décodage.

L'objet de cet ouvrage est de décrire comment et dans quelles limites il est possible de rectifier un message affecté d'erreurs imprévisibles. Les réponses à ces questions se sont améliorées au fur et à mesure de l'utilisation de nouvelles notions mathématiques ; le plan de l'ouvrage suit l'ordre chronologique des travaux de recherche.

Un étudiant en informatique a certes des connaissances en calcul binaire, en algèbre linéaire, en logique et en arithmétique mais d'autres notions mathématiques sont nécessaires pour notre étude ; afin que la lecture de cet ouvrage soit accessible à un public le plus large possible, toutes les notions mathématiques utilisées (supposées connues ou nouvelles) sont introduites au moment de leur application *en soulignant l'intérêt de leur mise en œuvre*. Les structures algébriques notamment, groupes, anneaux, corps finis, peuvent n'être pas familières à des étudiants non mathématiciens ; elles seront présentées ici de manière simple, adaptée à leur exploitation pour le problème présent et en faisant ressortir leur efficacité.

Les théorèmes et propositions, suivis de leur démonstration sont *immédiatement illustrés par des exemples* permettant de mieux comprendre et intérioriser le sens de leur contenu.

Aucun processus n'étant capable de corriger ni même de repérer tous les messages inexacts quels qu'ils soient, des calculs de probabilité évaluent les degrés de fiabilité des méthodes.

Dès le deuxième chapitre, une série d'exercices corrigés prolongent l'apprentissage. C'est en les effectuant que l'étudiant pourra suivre le détail des calculs, comparer les avantages de diverses méthodes et se rendre mieux compte de la pertinence de l'apport des outils nouveaux.

Au fil du développement du sujet, les difficultés sont lentement progressives ainsi tout étudiant peut tout à fait appréhender la réflexion qui précède les réalisations technologiques.

Il y a plus d'un siècle et demi, Evariste Galois imagina, à vingt et un an, le concept de corps finis qui fut longtemps considéré simplement comme une pure et belle théorie ; il est remarquable et sans doute pour certains réconfortant, qu'elle soit actuellement un moyen de développement des télécommunications.

Cet ouvrage ne traite pas tout le domaine des réalisations et des recherches concernant le problème posé, il souhaite apporter
- une bonne base de compréhension, permettant éventuellement des études plus approfondies,
- une familiarisation avec les principaux types de *codes correcteurs* effectivement utilisés.

Il peut également servir d'approche ou d'illustration de notions mathématiques par l'intermédiaire d'une application technologique moderne.

On notera, dans la présentation du texte, l'emploi
- des caractères *obliques* pour les définitions propres à la théorie des codes,
- des caractères *penchés* pour les théorèmes, les propositions et les expressions importantes du texte ainsi que les énoncés des exercices,
- des guillemets pour l'introduction des termes mathématiques.

Les références, en chiffres arabes, sont précédées du numéro, en chiffres romains, du chapitre concerné sauf si elles se rapportent au chapitre courant.

Je remercie très sincèrement

> Michel Misson,
> Jean-Pierre Reveillès, Denis Richard,
> François Gaillard, Annie Gérard,
> Claude Chèze

qui m'ont encouragée à écrire ce livre, ont mis à ma disposition le matériel nécessaire à sa réalisation ou m'ont fait bénéficier de leur compétence dans le langage Latex et l'édition,

ainsi que

> Jean-Paul Blanc
> et Paul-Louis Hennequin

qui en ont effectué une attentive relecture.

Table des matières

CHAPITRE I Transmission de messages 1
   1 Erreurs de transmission 1
      1.1 Codage d'une information 1
      1.2 Décodage 2
   2 Codes correcteurs 3
      2.1 Codes par blocs 3
      2.2 Codes sytématiques 4
   3 Code de parité 4
      3.1 Contrôle 5
      3.2 Probabilité d'erreur détectée 5
   4 Code de parités croisées 6
      4.1 Codage 6
      4.2 Décodage 7
Conclusion 9

CHAPITRE II Codes linéaires 11
   1 Représentation vectorielle des mots 11
      1.1 Structure de $B = \{0, 1\}$ 11
      1.2 Structure de B^p 12
      1.3 Définition d'un code linéaire 13
   2 Codage linéaire systématique 13
      2.1 Matrice génératrice normalisée 14
      2.2 Matrice de contrôle normalisée 16
   3 Cas général 18
      3.1 Matrices génératrices 18
      3.2 Matrices de contrôle 21
   4 Détection d'erreur 24
      4.1 Condition de détection d'erreur 25
      4.2 Probabilité d'erreur détectée 26
Conclusion 27
Exercices 29

CHAPITRE III Correction automatique 39
   1 Principe 39
   2 Méthode de correction par syndromes 41
      2.1 Relation d'équivalence entre vecteurs de B^n 41

  2.2 Tableau standard 42
  2.3 Tableau standard réduit 45
 3 Efficacité de la correction 46
  3.1 Notion de distance entre vecteurs 46
  3.2 Evaluation de la distance minimale d'un code 47
  3.3 Capacité de détection d'un code 49
  3.4 Fiabilité de la correction automatique 50
  3.5 Capacité de correction d'un code 52
  3.6 Probabilité d'exactitude après décodage 53
 4 Codes de Hamming 54
  4.1 Description 55
  4.2 Propriétés 57
  4.3 Correction des messages 58
  4.4 Probabilité d'exactitude du message décodé 59
Conclusion 60
Exercices 61

CHAPITRE IV **Codes polynomiaux** 69

 1 Représentation polynomiale des mots 69
  1.1 Opérations sur les polynômes 70
  1.2 Description des codes polynomiaux 71
  1.3 Fonction de codage 72
  1.4 Polynôme générateur 72
 2 Codage 73
  2.1 Codage par multiplication de polynômes 73
  2.2 Matrice génératrice caractéristique 74
  2.3 Codage systématique 75
 3 Détection d'erreur 78
  3.1 Contrôle par division de polynômes 79
  3.2 Possibilités de détection d'erreur 80
 4 Autre représentation des codes polynomiaux 82
  4.1 Structure d'anneau de P_{n-1} 82
  4.2 Structure d'idéal d'un code polynomial 83
  4.3 Intérêt de cette représentation 86
Conclusion 88
Exercices 90

CHAPITRE V **Présentation des codes cycliques** 101

 1 Définition 101
  1.1 Cyclicité d'un code 101
  1.2 Forme polynomiale d'un code cyclique 103
  1.3 Matrice génératrice 104
 2 Contrôle 105
  2.1 Polynôme de contrôle 105
  2.2 Matrice de contrôle caractéristique 107

3 Piégeage des erreurs corrigibles (Meggitt) 110
Conclusion 113
Exercices 115

CHAPITRE VI **Générateurs des codes cycliques** 121
   1 Recherche des racines de $(x^n + 1)$ 121
      1.1 Idée directrice 121
      1.2 Méthode 122
      1.3 Illustration 123
   2 Corps fini d'extension de B 124
      2.1 Construction 125
      2.2 Structure de $G = K(2^m) \setminus \{0\}$ 127
      2.3 Corps des racines $n^{èmes}$ de l'unité 132
   3 Décomposition de $(x^n + 1)$ sur B 134
      3.1 Polynôme minimal 134
      3.2 Racines conjuguées dans K 135
      3.3 Facteurs de $(x^n + 1)$ irréductibles sur B 137
      3.4 Expression d'un polynôme minimal dans $B[x]$ 138
   4 Générateurs des codes cycliques de longueur n 140
Conclusion 141
Exercices 143

CHAPITRE VII **Codes $\mathcal{BCH}$ Codes de Reed-Solomon** 151
   1 Codes cycliques de longueur impaire 151
      1.1 Matrice de contrôle fonction des racines de $g(x)$ 152
      1.2 Distance apparente d'un code cyclique 153
      1.3 Minoration de la capacité de correction 156
   2 Codes $\mathcal{BCH}$ 157
      2.1 Construction et définition 157
      2.2 Choix de la distance assignée 159
      2.3 Codes $\mathcal{BCH}$ au sens strict 159
      2.4 Contrôle 161
      2.5 Cas particulier : code de Hamming 162
   3 Codes de Reed-Solomon 164
      3.1 Caractéristiques et construction d'un code $\mathcal{RS}$ 165
      3.2 Contrôle des messages 166
      3.3 Correction des messages binaires 167
Conclusion 169
Exercices 170

Bibliographie 178
Index 179

CHAPITRE I

Transmission de messages

Dans tout système de transport de l'information, aussi perfectionné soit-il, des erreurs sont inévitables parce que fortuites ou de causes inconnues. Un moyen d'en protéger les messages est de déceler leur existence par une stratégie de "sur-codage". Pour que la communication soit aussi bonne que possible il faut ensuite pouvoir rectifier les messages erronés reconnus. C'est le rôle des codes détecteurs et correcteurs d'erreurs.

1 Erreurs de transmission

En informatique, les informations sont codées par des suites appelées *binaires* car composées des deux seuls éléments 0 et 1, chiffres *binaires* ou *bits* (de l'anglais binary digit). Au cours d'une transmission téléinformatique, par cable ou par ondes, il arrive que des 0 soient transformés par erreur en 1 et vice versa. A la réception, le message risque d'être différent de celui qui était envoyé. Il y a donc nécessité, avant de remettre l'information au destinataire, de se préoccuper :

- de la détection des messages erronés,
- de la correction des erreurs.

La Théorie de l'Information due à Claude SHANNON prend en compte ces deux objectifs en considérant un message comme un objet mathématique.

1.1 Codage d'une information

Pour permettre de reconnaître qu'il y a erreur, le système émetteur *marque* les informations *en amont* de l'émission de telle façon qu'une anomalie dans le message reçu signale une détérioration.
Mais cette marque ne peut elle-même être réalisée qu'à l'aide des chiffres 0 et 1. C'est de ce surcodage de l'information dont il sera question dans cet ouvrage et nous le nommerons simplement *codage*.

Pour chaque suite binaire d'information que l'on désire transmettre, c'est donc en fait une suite plus longue qui sera envoyée.

1.2 Décodage

Il s'agit de retrouver, à partir du message reçu, le message codé émis.

Il restera ensuite à en extraire la partie information qui seule intéresse le destinataire, mais cette dernière opération n'est pas soumise à des erreurs de transmission, nous la nommerons *restitution*.

Le *décodage* comprend les deux phases décrites ci-dessous.

1.2.1 Détection d'erreur

La détection d'erreur se fait par un procédé de *contrôle*. Le système récepteur connait la règle de codage et peut vérifier que le message reçu a bien la marque de ce codage.

Il faut cependant remarquer qu'aucun contrôle n'est parfait ; la transmission peut transformer un message codé en un autre message codé qui, ne présentant pas d'anomalie, sera accepté.

D'autre part si un message erroné est repéré, ni le nombre de bits inexacts ni leur position dans le message ne sont connus. Le contrôle ne peut permettre que d'apercevoir qu'*il y a erreur*. C'est pourquoi nous parlerons de *détection d'erreur*, au singulier, ou plus explicitement de détection de messages erronés.

C'est le choix du codage qui permet une plus ou moins bonne détection d'erreur. On comprend, par exemple, que si les messages codés sont tous très différents les uns des autres, lorsque l'un d'eux subit pendant la transmission une détérioration sur un seul bit, le message reçu lui sera presque semblable et sera donc repéré comme n'étant pas un message codé.

1.2.2 Correction d'erreur

La méthode la plus simple consiste à redemander une émission. En effet si p est la probabilité d'erreur sur un bit, la probabilité qu'une erreur sur ce bit se produise sur deux émissions consécutives du message est alors p^2, qui est inférieur à p puisque p est inférieur à 1 et très petit car p est faible.

Mais cette pratique allonge la durée de transmission, de plus il n'est pas exclu qu'une autre erreur se glisse sur la seconde émission, aussi est-il intéressant de créer des algorithmes de *correction automatique*.

Celle ci est basée sur l'idée de bon sens : trouver le message
- *cohérent*, c'est-à-dire sans anomalie par rapport à la règle de codage,
- qui *ressemble* le plus au message perturbé reçu.

L'expression *correction automatique* est plus optimiste qu'exacte car le message sans anomalie le plus semblable au message reçu, peut ne pas être celui qui a été envoyé. Cependant elle est raisonnablement correcte, car l'élaboration de codages suffisamment sophistiqués lui assure un pourcentage d'efficacité satisfaisant.

Les erreurs détectées sont corrigées *au mieux*, c'est-à-dire avec le moindre risque de se tromper et il est important d'évaluer la probabilité d'exactitude des messages après décodage.

2 Codes correcteurs

Toute information à transmettre est préalablement divisée en tronçons de même longueur r, appelés *mots d'information*. C'est sur les mots d'information que le codage s'applique ; à chaque mot d'information il fait correspondre un *mot de code* qui est alors émis.

L'ensemble des mots de code constitue un *code*
- *détecteur d'erreur*, c'est-à-dire permettant de repérer au moins une partie des mauvaises transmissions,
- *correcteur d'erreur*, dont la mission est la rectification des messages détériorés.

Plus généralement on parle de *codes correcteurs*, la détection étant l'opération préliminaire obligatoire à la correction d'erreur.

2.1 Codes par blocs

Un code *par blocs*, (le seul type que nous étudierons), est tel que :
- la longueur des mots du code est constante,
- chaque mot de code dépend uniquement du mot d'information correspondant.

(Pour d'autres codes, appelés *convolutionnels* ou *récurrents* les mots sont calculés non seulement à partir du mot d'information concerné mais encore d'un certain nombre de mots d'information qui le précèdent).

Un code par blocs codant *tous* les mots de longueur r par *certains* mots de longueur n, supérieure à r, sera noté : $\mathcal{C}_{n,r}$.

Le nombre n est appelée *longueur du code*.

Toute suite binaire de longueur n peut apparaître à la réception, nous lui réserverons dorénavant le terme de *message*, qu'elle représente ou non un mot de code.

La différence $(n - r)$ s'appelle la *redondance* du code.

Bien qu'absolument nécessaire, la redondance alourdit la transmission en temps et charge la mémoire du système ; il est donc important d'évaluer le *rendement* nommé encore *taux de transmission* du code donné par le rapport :

$$\rho = \frac{r}{n}$$

et puisqu'il faut utiliser n bits pour r bits d'information à communiquer, le coût du codage est donc proportionnel à $\frac{1}{\rho}$.

Il est évident que tout codage doit être "injectif", c'est-à-dire que chaque mot de code ne peut coder qu'un seul mot d'information.

On note que pour un code par blocs $\mathcal{C}_{n,r}$ il y a :

2^r mots d'information de r bits à coder,
2^n messages reçus possibles, de longueur n, dont :
2^r sont des mots du code.

2.2 Codes systématiques

Il est pratique de construire un mot de code de longueur n en ajoutant à la suite des r bits $i_1 \ldots i_r$ d'information, $s = (n - r)$ bits $k_1 \ldots k_s$ appelés *bits de contrôle* ou *de redondance*, formant la *clé de contrôle*.

On obtient le mot de code :

$$c_1 \ldots c_r\, c_{r+1} \ldots c_n = i_1 \ldots i_r\, k_1 \ldots k_s.$$

Ce codage est dit *systématique* ainsi que tout code que l'on peut obtenir par un tel codage et qui est donc un code par blocs particulier.

Le contrôle est alors simple : toute suite de longueur r étant un mot d'information, le récepteur calcule la clé correspondant au mot formé par les r premiers bits du message. Si cette clé est différente de celle qui se trouve en fin du mot reçu, il y a anomalie, signe d'erreur au cours de la transmission.

Dans les paragraphes suivants nous étudierons deux codes particulièrement simples :
— le premier permet de détecter certains messages erronés, sans pouvoir cependant les corriger,
— le second, plus élaboré, donne la possibilité d'en corriger quelques uns.

3 Code de parité

Interressons nous à la transmission des caractères de texte ; un caractère (une lettre ou un signe) est conventionnellement une suite de 7 chiffres binaires. Un texte exprimé sous forme binaire est découpé en mots d'information qui sont ici des caractères.

Le codage appelé *par bit de parité* consiste à ajouter à la suite de chaque mot d'information, un nouveau bit, de telle sorte que le nombre total de chiffres 1 soit alors de parité fixée (paire ou impaire).

Il permet de construire un code par blocs $\mathcal{C}_{8,7}$, appelé *de parité*.

Décidons par exemple qu'il y ait dans chaque mot de code un nombre pair de 1 :

        le caractère   1 1 0 0 1 0 1
        devra être émis sous la forme :   1 1 0 0 1 0 1 **0**

        tandis que le caractère   1 1 0 0 1 1 1
        sera émis en :   1 1 0 0 1 1 1 **1**.

Il s'agit d'un code systématique dont la clé de contrôle ne possède qu'un seul bit.

Les $2^7 = 128$ caractères de texte sont codés par 128 mots parmi les $2^8 = 256$ messages de longueur 8 qui existent.

3.1 Contrôle

À la réception la règle de codage est appliquée aux 7 premiers bits et le 8ème bit du résultat est comparé au 8ème bit reçu.

Ainsi 1 1 0 0 1 0 1 1

présente une anomalie, le 8ème bit devant être 0.

Remarquons que :
- on ne sait pas d'où provient l'anomalie ;
- lorsque le nombre de bits erronés est pair, il n'y a pas d'anomalie discernable, par exemple,

  si : 1 1 0 0 1 0 1 0
  devient après transmission : 0 0 1 1 0 1 0 1

  la communication semblera correcte alors qu'elle comporte 8 défectuosités !
- une anomalie (qui n'apparait donc que pour un nombre impair de chiffres mal transmis), ne permet pas de connaître ce nombre,
  par exemple,

  toujours pour : 1 1 0 0 1 0 1 0
  si la transmission fournit : 0 0 1 1 0 1 0 0

  on note une anomalie, mais on ne peut pas s'apercevoir que l'erreur porte sur 7 positions.

De plus si seul le dernier bit est faux, on notera une anomalie alors que l'information elle-même, contenue sur les 7 premières positions, est exacte.

3.2 Probabilité d'erreur détectée

Les messages erronés n'étant pas détectés dans tous les cas, il est nécessaire de calculer la probabilité de les reconnaître.

Rappelons qu'un message est erroné s'il n'est pas identique au mot de code émis, (même si la partie qui porte l'information est correcte).

Supposons que
- la probabilité d'erreur soit la même, p, pour chaque bit (la valeur de p est évidemment très petite) : la probabilité qu'un bit soit correctement transmis est donc $q = 1 - p$;
- les erreurs sur les bits soient indépendantes les unes des autres (ce n'est pas toujours le cas) : le modèle de la situation est alors un "schéma de Bernoulli".

Soit X le nombre de bits erronés dans un message, X varie de 0 à $n = 8$ en suivant une "loi binomiale" de paramètres n et p.

Une configuration où k bits sur n sont inexacts a une probabilité $p^k(1-p)^{n-k}$.

Si C_n^k désigne le nombre de ces configurations, la probabilité $p(k)$ que l'erreur d'un message porte sur k positions est donc :

$$p(k) = \Pr(X = k) = C_n^k \, p^k \, (1-p)^{n-k} = C_8^k \, p^k \, (1-p)^{8-k}.$$

C_n^k se calcule par la formule :

$$C_n^k = \frac{n!}{k!(n-k)!} = \frac{n(n-1)\ldots(n-k+1)}{k!}$$

d'où la probabilité $p(0)$ que la transmission soit parfaite :

$$p(0) = \Pr(X = 0) = q^8$$

et la probabilité d'erreur d'un message :

$$p_{err} = 1 - q^8.$$

D'autre part la probabilité qu'il y ait une anomalie visible, c'est-à-dire la probabilité d'erreur détectée est donnée par :

$$\begin{aligned} p_{det} &= \Pr\Big((X=1)\cup(X=3)\cup(X=5)\cup(X=7)\Big) \\ &= C_8^1 p q^7 + C_8^3 p^3 q^5 + C_8^5 p^5 q^3 + C_8^7 p^7 q. \end{aligned}$$

Pour $p = 0,1$ (10 % d'erreurs c'est beaucoup et peu vraisemblable !), on obtient :

$$\begin{aligned} p_{det} &= 0,42 \\ p_{err} &= 0,57. \end{aligned}$$

On peut donc estimer que $\frac{42}{57}$ c'est-à-dire 74% des messages erronés sont reconnus.

Cet exemple montre l'intérêt du codage pour *diminuer* le nombre de messages erronés non reconnus. Mais dans le cas décrit, la correction des messages erronés détectés n'est pas possible autrement que par retransmission.

4 Code de parités croisées

Un mot d'information se compose maintenant de L caractères de texte, c'est donc une suite de $7L$ bits.

4.1 Codage

Il s'agit d'un double codage par bits de parité. Les $7L$ bits sont rangés dans un tableau de L lignes et 7 colonnes. Chaque ligne est complétée par un bit de parité calculé comme pour le codage du paragraphe précédent et il en est de même de chacune des 8 colonnes ainsi formées. On obtient :

$$\begin{array}{cccc|c} a_{1,1} & a_{1,2} & \ldots & a_{1,7} & a_{1,8} \\ a_{2,1} & a_{2,2} & \ldots & a_{2,7} & a_{2,8} \\ \vdots & \vdots & \vdots & \vdots & \vdots \\ a_{L,1} & a_{L,2} & \ldots & a_{L,7} & a_{L,8} \\ \hline a_{L+1,1} & a_{L+1,2} & \ldots & a_{L+1,7} & a_{L+1,8} \end{array}$$

Ce code *de parités croisées* se nomme également code *par bits de parité transversale et longitudinale*. Un mot de code est de longueur $8(L+1)$, il est transmis en lisant ligne par ligne le tableau ; le code $\mathcal{C}_{8(L+1),7L}$ est de redondance $(L+8)$.

4.2 Décodage

À la réception le message m est réorganisé de la manière suivante.

Pour un mot de code, chaque ligne et chaque colonne du tableau précédent est d'après le codage, de même parité, donc si celle-ci est paire, de bit de parité 0 qui est alors inscrit sur une $(L+2)^{\text{ème}}$ ligne et une $9^{\text{ème}}$ colonne.

$$
\begin{array}{cccc|c||c}
a_{1,1} & a_{1,2} & \cdots & a_{1,7} & a_{1,8} & 0 \\
a_{2,1} & a_{2,2} & \cdots & a_{2,7} & a_{2,8} & 0 \\
\vdots & \vdots & \vdots & \vdots & \vdots & \vdots \\
a_{L,1} & a_{L,2} & \cdots & a_{L,7} & a_{L,8} & 0 \\
\hline
a_{L+1,1} & a_{L+1,2} & \cdots & a_{L+1,7} & a_{L+1,8} & 0 \\
\hline
0 & 0 & \cdots & 0 & 0 &
\end{array}
$$

On obtient ainsi un schéma de contrôle où les anomalies, signalant des messages incorrectement transmis, sont mises en évidence par l'apparition de chiffres 1 à la place des 0 attendus.

4.2.1 Examen des messages

L'intérêt de ce code est que tous les messages ne comprenant qu'une seule erreur sont détectés et corrigés.

a) Si en effet un message porte une erreur unique, une anomalie se présente sur la ligne i et sur la colonne j à l'intersection desquelles se trouve le bit endommagé.

$$
\begin{array}{ccc||c}
\vdots & \vdots & \vdots & 0 \\
\cdots & a_{i,j} & \cdots & 1 \\
\vdots & \vdots & \vdots & 0 \\
\hline
0 & 1 & 0 &
\end{array}
$$

L'erreur est donc détectée et localisée, il est alors aisé de la corriger en changeant simplement l'élément $a_{i,j}$ puisqu'un bit n'a que deux valeurs possibles.

b) Par contre si plusieurs erreurs affectent le message, elles ne peuvent être corrigées ni même détectées dans tous les cas de figure. Donnons quelques exemples.

- Pour un message comprenant 2 erreurs,
  - si les erreurs se trouvent sur une même ligne i, soit :

$$\ldots a_{i,j} \ldots a_{i,k} \ldots$$

  les colonnes j et k présentent une anomalie mais la ligne i n'en signale pas, un nombre pair d'erreurs ne modifiant pas le bit de parité. Les erreurs sont détectées sur les colonnes j et k mais on ne sait à quel niveau elles se trouvent.

– si les erreurs sont situées sur des lignes et colonnes distinctes :

$$\begin{array}{ccccc} \ldots & a_{i,j} & \ldots & \ldots & \ldots \\ \ldots & \ldots & \ldots & a_{i',k} & \ldots \end{array}$$

des anomalies surviennent sur les lignes i, i' et les colonnes j, k mais il existe une deuxième possibilité de positionnement des erreurs, elles peuvent se trouver en $a_{i,k}$ et $a_{i',j}$. Les messages inexacts sont reconnus mais les erreurs non localisées ne permettent pas une correction à coup sûr.

• Tous les messages ayant un nombre impair d'erreurs sont repérés puisque au moins une ligne ou une colonne présente une anomalie ; on le voit par exemple pour les types de configurations possibles de trois erreurs :

$$\text{cas (1)} \left\{ \begin{array}{ccccc} a_{i,j} & \ldots & a_{i,k} & \ldots & a_{i,\ell} \end{array} \right. \qquad \text{cas (2)} \left\{ \begin{array}{ccccc} a_{i,j} & \ldots & \ldots & \ldots & \ldots \\ \ldots & \ldots & a_{i,k} & \ldots & a_{i',\ell} \end{array} \right.$$

$$\text{cas (3)} \left\{ \begin{array}{ccccc} \ldots & \ldots & a_{i,k} & \ldots & \ldots \\ a_{i',j} & \ldots & a_{i',k} & \ldots & \ldots \end{array} \right. \qquad \text{cas (4)} \left\{ \begin{array}{ccccc} a_{i,j} & \ldots & \ldots & \ldots & \ldots \\ \ldots & \ldots & a_{i',k} & \ldots & \ldots \\ \ldots & \ldots & \ldots & \ldots & a_{i'',\ell} \end{array} \right.$$

Mais les schémas de contrôle ne donnant pas une localisation unique de l'erreur, (les cas (1) et (2) notamment ont le même) la correction qui convient n'est pas assurée.

• Un message de 4 erreurs n'est pas reconnu si les erreurs sont disposées en carré, comme suit :

$$\begin{array}{ccccc} \ldots & a_{i,j} & \ldots & a_{i,k} & \ldots \\ \ldots & & & & \\ \ldots & a_{i',j} & \ldots & a_{i',k} & \ldots \end{array}$$

4.2.2 Décision de correction

Supposons qu'un message reçu présente deux anomalies,
– l'une sur la ligne i,
– l'autre sur la colonne j,

il n'est pas certain que l'élément $a_{i,j}$ soit inexact, car il peut y avoir plus d'une erreur dans le message, comme le montre le cas (3) du b) précédent.

En mettant en pratique l'idée de base définie en 1.2.2 pour la correction, c'est pourtant l'élément $a_{i,j}$ qui sera transformé puisqu'un message ayant une seule erreur est moins différent d'un message exact qu'un message de trois erreurs.

Là encore, le calcul des probabilités intervient ; nous verrons au chapitre II que sous certaine condition la probabilité d'un message inexact décroît avec le nombre de ses bits erronés.

4.2.3 Probabilité d'exactitude après décodage

Si X est la variable aléatoire comptant le nombre de bits mal transmis dans un message, la probabilité d'exactitude p_{exa} d'un message après décodage est telle que :

$$p_{exa} \geq \Pr(X = 0) + \Pr(X = 1) = p(0) + p(1).$$

Avec les mêmes hypothèses d'indépendance et d'équiprobabilité que dans l'exemple du paragraphe 3.2, X est une variable aléatoire de loi binomiale pour les paramètres :

$$n = 8(L+1) \quad \text{et} \quad p$$

et l'on a :
$$\begin{aligned} p(0) + p(1) &= (1-p)^n + C_n^1 p(1-p)^{n-1} \\ &= (1-p)^n + np(1-p)^{n-1}. \end{aligned}$$

Si $L = 4$, $n = 40$ et pour $p = 0,1$ on obtient :

$$\left(\frac{9}{10}\right)^{40} + 40 \frac{1}{10} \left(\frac{9}{10}\right)^{39} = \left(\frac{9}{10}\right)^{39} \left(\frac{9}{10} + \frac{40}{10}\right) = \left(\frac{9}{10}\right)^{39} \frac{49}{10}.$$

Comparons sur cet exemple la probabilité d'exactitude d'un message décodé à celle du mot d'information envoyé non codé. Ce dernier qui est de longueur $n' = 7L = 28$, est alors transmis directement avec la probabilité de transmission sans erreur :

$$p(0) = (1-p)^{n'} = \left(\frac{9}{10}\right)^{28}.$$

On obtient :

$$\frac{p_{exa} - p(0)}{p(0)} \geq \frac{\left(\frac{9}{10}\right)^{39} \left(\frac{49}{10}\right) - \left(\frac{9}{10}\right)^{28}}{\left(\frac{9}{10}\right)^{28}} = \left(\frac{9}{10}\right)^{11} \left(\frac{49}{10}\right) - 1 \simeq 0,52$$

soit une amélioration d'au moins 52%.

Remarquons cependant que le codage de parités croisées qui nécessite un certain nombre de bits de redondance, a l'inconvénient d'augmenter le temps nécessaire aux opérations de codage et de décodage.

Conclusion

Un code correcteur est utilisé afin de diminuer le nombre des erreurs qui se produisent au cours des transmissions téléinformatiques.

L'itinéraire classique : émission-transmission-réception, s'enrichit
- d'une fonction de codage en amont de l'émission,
- d'un algorithme de décodage en aval de la réception.

Ces deux étapes sont évidemment suivies
- de la restitution de l'information (la meilleure possible) au destinataire.

La logique de la méthode générale peut se résumer par le schéma qui suit.

- Au départ le mot d'information i est codé en c qui est alors émis ; à la réception c'est un message m qui apparait ;
- $\mathcal{C}$ étant le code utilisé, c_1 et c_2 sont des mots du code,
  i_1 et i_2 les mots d'information correspondants ;
- le destinataire peut recevoir un autre mot que celui qui lui était destiné.

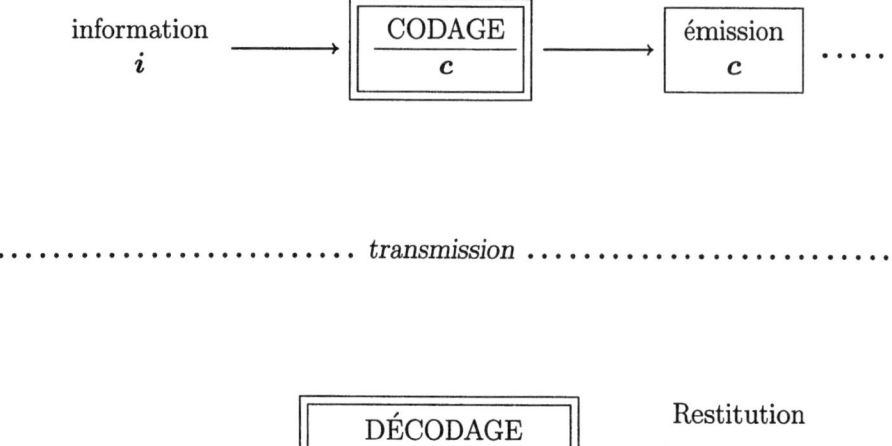

La recherche de codes réalisant les deux objectifs qui ont été fixés :
- détection et correction d'erreur,

prend également en compte
- la simplicité du codage, du décodage et de la restitution de l'information ;
- la valeur du rendement des codes.

L'utilisation de modèles et structures mathématiques, l'ingéniosité des chercheurs, ont permis d'élaborer des codes de plus en plus performants. C'est ce que nous allons découvrir au cours des chapitres suivants.

Nous évaluerons l'efficacité des codes pour des situations d'erreur décrites par un schéma de Bernoulli.

La recherche d'amélioration dans ce domaine est encore d'actualité.

CHAPITRE II

Codes linéaires

Faire correspondre à chaque mot d'information un mot de code, par une fonction linéaire, facilite la construction du code aussi bien que le contrôle des messages reçus. Les codes linéaires sont des codes par blocs construits à l'aide d'une telle fonction.

1 Représentation vectorielle des mots

Soit B^p l'ensemble des suites de p bits ou "p-uples binaires", on peut définir sur B^p des opérations d'espace vectoriel. Tout p-uple binaire s'identifie alors à un vecteur qu'on appellera *vecteur binaire*.

1.1 Structure de $B = \{0,1\}$

L'ensemble $B^1 = \{0,1\}$ (ou simplement B) est un "corps fini" pour :
- l'addition modulo 2
- la multiplication modulo 2
  qui coïncide avec la multiplication usuelle des nombres entiers.

Pour calculer "modulo 2" il faut
  calculer dans $\mathbb{N}$,
  et diviser le résultat par 2 ;
le reste de cette division est le résultat cherché.

Ces opérations sont décrites par les tables suivantes :

+	0	1		×	0	1
0	0	1		0	0	0
1	1	0		1	0	1

    addition   multiplication

Tout élément admet un inverse pour l'addition et tout élément non nul admet un inverse pour la multiplication.

On note que :
- l'addition modulo 2 et la soustraction modulo 2 ne sont qu'une seule et même opération et que l'on a donc :

$$\forall a,b \in B \ : \ a+b = a-b \quad \text{et} \quad a+a = 0 \ ;$$

- la multiplication est commutative, le corps est alors appelé "commutatif", ce qui est le cas de tout corps fini.

B composé des seuls éléments neutres de l'addition et de la multiplication est le plus petit des corps, au sens de l'inclusion.

1.2 Structure de B^p

L'ensemble des p-uples binaires est, avec les opérations suivantes, un "espace vectoriel" sur B, de "dimension" p. En effet, on définit dans B^p les deux opérations caractéristiques de cette structure :

- **une addition**
  la somme de deux éléments s'effectuant par addition modulo 2 des bits de même rang

$$\forall u = u_1 u_2 \ldots u_p \quad \text{et} \quad v = v_1 v_2 \ldots v_p \ \in B^p$$

$$u + v = u_1 + v_1 \quad u_2 + v_2 \quad \ldots \quad u_p + v_p \ \in B^p,$$

il s'en suit que la différence de deux p-uples est identique à leur somme et que deux p-uples sont égaux si et seulement si leur somme est nulle ;

le vecteur nul est noté soit $(0, \ldots, 0)$, soit simplement 0 s'il n'y a pas d'ambiguïté ;

- **une multiplication par $\lambda \in B$**
  chaque composante d'un élément étant multipliée par λ

$$\forall \lambda \in \{0,1\}, \quad \forall u = u_1 u_2 \ldots u_p \in B^p, \quad \lambda u = \lambda u_1 \ldots \lambda u_p \in B^p.$$

On vérifie aisément que ces opérations ont les propriétés qui font de B^p un espace vectoriel. Tout p-uple est alors un vecteur, noté $u = (u_1, \ldots, u_p)$.

Il est évident que les p vecteurs ci-dessous forment une "base" de l'espace vectoriel, appelée "base canonique", c'est-à-dire que B^p est de dimension p :

$$e_1 = (1, 0, \ldots, 0), \quad e_2 = (0, 1, \ldots, 0), \quad \ldots, \quad e_p = (0, \ldots, 0, 1).$$

En conséquence :
- B^r et B^n sont des espaces vectoriels sur B, de dimensions r et n ;
- un mot d'information, r-uple binaire, est identifié à un vecteur de B^r :
  $i = (i_1, \ldots, i_r)$ appelé *vecteur d'information* ;
- un mot de code, n-uple binaire, à un vecteur particulier de B^n :
  $c = (c_1, \ldots, c_n)$, appelé *vecteur de code* ;
- un message de longueur n, mot de code ou non, à un vecteur de B^n :
  $m = (m_1, \ldots, m_n)$, appelé simplement *message*.

On utilisera indifféremment le terme : mot et le terme : vecteur.

Les vecteurs seront écrits :
- en ligne (comme ci-dessus) dans le texte,
- sous forme de vecteurs-colonne dans les calculs matriciels.

1.3 Définition d'un code linéaire

Tout codage revient à définir une application f de B^r dans B^n, appelée *fonction de codage*, évidemment *injective*, puisqu'un mot de code ne peut être l'image que d'un seul mot d'information.

Il est intéressant de choisir pour f une "application linéaire" (dont on rappellera les caractéristiques un peu plus loin) car dans ce cas :
- le code, étant l'image de B^r par f, est un sous-espace vectoriel de B^n, c'est-à-dire une partie non vide de B^n, dotée des mêmes opérations ; ainsi tous les mots du code sont connus facilement, dès qu'on connait le codage d'une base de B^r (B^{10} a 2^{10} éléments et une base de B^{10} en a 10 ; le codage de ces 10 vecteurs permet de connaître les 1024 mots du code) ;
- de plus, puisque f est injective,
  - $f(B^r)$, c'est-à-dire le code, a la dimension r de B^r,
  - l'image d'une base de B^r par f est une base du code ;
- enfin on peut associer à f une matrice qui la caractérise et permet d'effectuer rapidement le calcul des mots.

D'où la définition d'un code linéaire :

DÉFINITION

Un code défini par une fonction de codage linéaire de B^r dans B^n est appelé linéaire,
- *n est la longueur du code*
- *r est sa dimension comme sous-espace vectoriel de B^n.*

Un code linéaire se notera en indiquant ces deux paramètres : $\mathcal{C}\ell_{n,r}$ ou $\mathcal{C}_{n,r}$.

Remarque

Tout sous-espace vectoriel V de B^n, de dimension r, peut constituer un code $\mathcal{C}\ell_{n,r}$ et toute fonction linéaire injective de B^r dans V, une fonction de codage.

2 Codage linéaire systématique

Nous avons vu au chapitre précédent que dans un codage systématique tout mot de code c se construit en prolongeant le mot d'information i par une clé de contrôle, fonction de i, ce qui se traduit en représentation vectorielle par :

$$c = (i_1, \ldots, i_r, k_1, \ldots, k_s) = (i, k).$$

Le vecteur $k = (k_1, \ldots, k_s)$ est l'expression vectorielle dans B^s de la clé de contrôle, sa longueur $s = (n - r)$ mesure la redondance du code.

La fonction de codage est bien injective, en effet deux mots d'information distincts sont codés par deux mots différents au moins sur l'ensemble de leurs r premiers bits.

La fonction de codage f sera linéaire si elle vérifie

$\forall i, i^* \in B^r \ \forall \lambda \in B :$

1) $f(i) + f(i^*) = f(i + i^*)$, ce qui impose :
$$\text{clé de } i + \text{ clé de } i^* = \text{ clé de } (i + i^*)$$

2) $\lambda f(i) = f(\lambda i)$, ce qui impose :
$$\text{pour } \lambda = 0 : \text{ clé de } (0) = 0$$

en remarquant que pour $\lambda = 1$, la condition 2) est vérifiée.

2.1 Matrice génératrice normalisée

Soit la base canonique de B^r de vecteurs :
$$e_1 = (1, 0, \ldots, 0, 0) \ ; \ \ldots \ ; \ e_r = (0, 0, \ldots, 0, 1).$$

a) Un codage systématique leur fait correspondre des vecteurs de B^n exprimés dans la base canonique $(\varepsilon_1, \ldots, \varepsilon_n)$ de B^n par :
$$f(e_1) = (1, 0, \ldots, 0, k_1^1, \ldots, k_s^1) \ ; \ \ldots \ ; \ f(e_r) = (0, \ldots, 0, 1, k_1^r, \ldots, k_s^r).$$

b) Les $f(e_j)$ formant une base du code, en les présentant en colonnes on construit une matrice associée à l'application f appelée *matrice génératrice* du code. Soit $G_{n,r}$ une telle matrice :

$$G_{n,r} = \begin{pmatrix} 1 & 0 & \cdots & 0 \\ 0 & \ddots & \ddots & \vdots \\ \vdots & \ddots & \ddots & 0 \\ 0 & \cdots & 0 & 1 \\ k_1^1 & k_1^2 & \cdots & k_1^r \\ \vdots & \vdots & \vdots & \vdots \\ k_s^1 & k_s^2 & \cdots & k_s^r \end{pmatrix},$$

elle se présente sous la forme de deux blocs superposés :

- dans sa partie supérieure, la matrice-unité $I_{r,r}$ (le plus souvent simplement notée I_r) ;
- dans sa partie inférieure, $K_{s,r}$ que nous appellerons *matrice des clés* (sous-entendu : de la base canonique de B^r), soit :

$$G_{n,r} = \begin{pmatrix} I_r \\ --- \\ K_{s,r} \end{pmatrix} \tag{1}$$

(les tirets horizontaux n'ont d'autre objet que de souligner la position des deux matrices).

Une matrice génératrice de la forme (2) est dite *normalisée*. Elle est caractéristique d'un codage systématique.

Codage

Soit i un vecteur d'information, le vecteur de code c correspondant est le produit de la matrice $G_{n,r}$ par le vecteur i :

$$c = f(i) = G_{n,r}\, i$$

On obtient :

$$\begin{aligned} c_1 &= i_1 \\ &\vdots \\ c_r &= i_r \\ c_{r+1} &= k_1^1 i_1 + \cdots + k_1^r i_r \\ &\vdots \\ c_n &= k_s^1 i_1 + \cdots + k_s^r i_r. \end{aligned}$$

C'est-à-dire que le vecteur c est tel que :
- ses n premières composantes forment le vecteur d'information i ;
- les $(n-r)$ dernières sont des combinaisons linéaires des r précédentes. Elles constituent la clé de contrôle k qui est donc obtenue par le produit matriciel :

$$k = K\, i.$$

Exemple 1

Soit le code linéaire $\mathcal{C}\ell_{5,3}$ de matrice génératrice :

$$G_{5,3} = \begin{pmatrix} 1 & 0 & 0 \\ 0 & 1 & 0 \\ 0 & 0 & 1 \\ 1 & 1 & 0 \\ 1 & 0 & 1 \end{pmatrix}.$$

Tous les vecteurs de B^3 sont codés par des vecteurs de B^5. Certains mots de code sont déjà connus puisque :
- le mot de code du vecteur $(0,0,0)$ est : $(0,0,0,0,0)$ (la fonction de codage étant linéaire),
- les mots de code de la base canonique de B^3 sont les vecteurs-colonne de la matrice $G_{5,3}$.

Dressons la liste des vecteurs d'information dans l'ordre numérique binaire, d'où le codage partiel de B^3 :

$$\begin{aligned} (0,0,0) &\longrightarrow (0,0,0,0,0) \\ (0,0,1) &\longrightarrow (0,0,1,0,1) \\ (0,1,0) &\longrightarrow (0,1,0,1,0) \\ (0,1,1) & \\ (1,0,0) &\longrightarrow (1,0,0,1,1) \\ (1,0,1) & \\ (1,1,0) & \\ (1,1,1) & \end{aligned}$$

les autres mots du code sont calculés par le produit $G_{5,3}\, i$:

$$\begin{pmatrix} 1 & 0 & 0 \\ 0 & 1 & 0 \\ 0 & 0 & 1 \\ 1 & 1 & 0 \\ 1 & 0 & 1 \end{pmatrix} \begin{pmatrix} 0 \\ 1 \\ 1 \end{pmatrix} = \begin{pmatrix} 0 \\ 1 \\ 1 \\ 1 \\ 1 \end{pmatrix},$$

$$\begin{pmatrix} 1 & 0 & 0 \\ 0 & 1 & 0 \\ 0 & 0 & 1 \\ 1 & 1 & 0 \\ 1 & 0 & 1 \end{pmatrix} \begin{pmatrix} 1 \\ 0 \\ 1 \end{pmatrix} = \begin{pmatrix} 1 \\ 0 \\ 1 \\ 1 \\ 0 \end{pmatrix}, \text{etc.}$$

et l'on obtient le tableau complet du codage :

B^3		Code
(0,0,0)	$\longrightarrow$	(0,0,0,0,0)
(0,0,1)	$\longrightarrow$	(0,0,1,0,1)
(0,1,0)	$\longrightarrow$	(0,1,0,1,0)
(0,1,1)	$\longrightarrow$	(0,1,1,1,1)
(1,0,0)	$\longrightarrow$	(1,0,0,1,1)
(1,0,1)	$\longrightarrow$	(1,0,1,1,0)
(1,1,0)	$\longrightarrow$	(1,1,0,0,1)
(1,1,1)	$\longrightarrow$	(1,1,1,0,0).

Remarque

Il est immédiat de construire un code linéaire systématique pour n et r fixés, il suffit de placer une matrice $K_{s,r}$ *quelconque* en dessous de la matrice unité I_r pour former la matrice normalisée $G_{n,r}$ du code.

2.2 Matrice de contrôle normalisée

Posons le problème du contrôle des messages : étant donné m reçu, comment reconnaître s'il appartient ou non au code ?

2.2.1 Principe du contrôle

Soit m un vecteur quelconque de B^n, il représente un message,
- ses r premières composantes forment un vecteur de B^r qui est un donc un mot d'information, soit i ;
- les $s = (n - r)$ suivantes, un vecteur q de B^s, que nous appellerons *queue* du message.

On peut donc écrire
$$m = (i, q).$$

Un message m est un mot de code *si et seulement si* la clé de contrôle relative à ses r premières composantes est précisément le vecteur q, soit :

$$Ki = q$$

ce qui, par addition de vecteurs binaires, est équivalent à :

$$Ki + q = 0.$$

2.2.2 Syndrome des messages

Soit S l'application de B^n dans B^s telle que :

$$m \hookrightarrow S(m) = K\,i + q.$$

— Elle est linéaire car elle peut être définie par une matrice en effet, si I_s est la matrice unité de B^s, on peut écrire :

$$S(m) = K_{s,r}\,i + I_s q.$$

S admet donc pour matrice associée : $C_{s,n}$, formée par la juxtaposition :

- de la matrice des clés, $K_{s,r}$ à gauche,
- de la matrice unité de B^s, I_s à droite,

soit :

$$C_{s,n} = \left(K_{s,r} \;\middle|\; I_s \right). \tag{3}$$

$C_{s,n}$ est une *matrice de contrôle* du code ; sa forme dite *normalisée* est propre au codage systématique.

— Les mots du code sont les vecteurs m vérifiant $S(m) = 0$; leur ensemble est le "noyau" de l'application S.

Une application linéaire dont le noyau est le code est appelée *fonction de contrôle* ou *fonction syndrome*.

Contrôle

Le contrôle d'un message m reçu s'effectue en calculant :

$$S(m) \quad \text{soit} \quad \left(K_{s,r} \;\middle|\; I_s \right) \begin{pmatrix} i \\ q \end{pmatrix}$$

$S(m)$ est le *syndrome* du vecteur m.

On peut donc énoncer la caractérisation suivante des mots d'un code linéaire :

PROPOSITION 1

Une condition nécessaire et suffisante pour qu'un message m soit un mot de code est que son syndrome soit nul.

Exemple 2

Soit le code $\mathcal{C}\ell_{5,3}$ construit ci-dessus dont la matrice de contrôle normalisée, de forme (3), est la suivante :

$$C_{2,5} = \begin{pmatrix} 1 & 1 & 0 & 1 & 0 \\ 1 & 0 & 1 & 0 & 1 \end{pmatrix}.$$

• Soit $m = (1,1,1,1,1)$ le message reçu, son syndrome sera $S(m) = C_{2,5}m$, soit :

$$\begin{pmatrix} 1 & 1 & 0 & 1 & 0 \\ 1 & 0 & 1 & 0 & 1 \end{pmatrix} \begin{pmatrix} 1 \\ 1 \\ 1 \\ 1 \\ 1 \end{pmatrix} = \begin{pmatrix} 1 \\ 1 \end{pmatrix} \neq \begin{pmatrix} 0 \\ 0 \end{pmatrix},$$

$S(m) = (1,1)$, m n'appartient donc pas au code.

• Par contre, on vérifie aisément que $c = (1,1,1,0,0)$ qui appartient au code est bien de syndrome nul.

Remarque

La fonction de contrôle S n'est évidemment pas injective, tous les mots du code par exemple ont le même syndrome. Mais elle est "surjective", c'est-à-dire :

$$\forall v \in B^s, \quad \exists m \in B^n \text{ tel que } S(m) = v.$$

En effet, soit i un vecteur d'information codé par $c = (i, k)$, la clé de contrôle k est un vecteur de B^s d'où :

$$\forall v \in B^s, \quad v + k \in B^s,$$

Donc il existe $m = (i, v + k)$, vecteur de B^n, dont le syndrome est la somme
- du vecteur queue de m
- et du vecteur clé fonction de i,

c'est-à-dire :

$$S(m) = (v + k) + k = v.$$

3 Cas général

L'intérêt du codage systématique est de placer l'information en évidence dans le mot de code. Mais toute application *linéaire injective* f de B^r dans un sous-espace vectoriel de B^n, de dimension r, définit un code linéaire $\mathcal{C}\ell_{n,r}$.

3.1 Matrices génératrices

Un code $\mathcal{C}\ell_{n,r}$ se construit donc à l'aide d'une matrice G dont les r vecteurs-colonne forment un système libre dans B^n, donc une base du code :

$$\boxed{c = f(i) = G_{n,r}\, i.}$$

Notons que pour un code $\mathscr{C}$ fixé, une application linéaire faisant correspondre :
- à la base canonique de B^r,
- une base quelconque du code

définit le même code.

L'ensemble des vecteurs de code est inchangé, seule la correspondance entre vecteurs d'information et vecteurs de code est différente. Au moment de récupérer la partie *information* contenue dans un mot de code il faudra évidemment tenir compte de la fonction de codage employée.

Un code linéaire peut donc avoir plusieurs matrices génératrices.

Exemple 3

Projetons de construire un code linéaire de longueur $n = 4$ et de dimension $r = 3$.

Il faut trouver dans B^4 un ensemble libre de trois vecteurs, le sous-espace vectoriel qu'ils engendrent sera de dimension 3 et constituera un code répondant à la question. Or deux vecteurs distincts non nuls forment un système libre, par exemple :

$$u = (1, 0, 1, 0) \text{ et } v = (1, 1, 1, 1).$$

Cherchons un vecteur $w = (w_1, w_2, w_3, w_4)$ indépendant des deux précédents, c'est-à-dire tel que :

$$\forall \lambda_1, \lambda_2, \lambda_3 \in B :$$
$$\lambda_1 u + \lambda_2 v + \lambda_3 w = 0 \implies \lambda_1 = \lambda_2 = \lambda_3 = 0.$$

Soit donc l'équation matricielle

$$\begin{pmatrix} 1 & 1 & w_1 \\ 0 & 1 & w_2 \\ 1 & 1 & w_3 \\ 0 & 1 & w_4 \end{pmatrix} \begin{pmatrix} \lambda_1 \\ \lambda_2 \\ \lambda_3 \end{pmatrix} = \begin{pmatrix} 0 \\ 0 \\ 0 \end{pmatrix}.$$

La deuxième ligne donne $\lambda_2 + w_2 \lambda_3 = 0$, et la quatrième $\lambda_2 + w_4 \lambda_3 = 0$, d'où l'on déduit $(w_2 + w_4)\lambda_3 = 0$. En choisissant $(w_2 + w_4) \neq 0$, c'est-à-dire $w_2 \neq w_4$, on impose $\lambda_3 = 0$. Posons

$$w_2 = 0 \text{ et } w_4 = 1$$

La deuxième ligne implique $\lambda_2 = 0$ et la première $\lambda_1 = 0$.

Ainsi tout vecteur w dont la deuxième composante vaut 0 et la quatrième 1 convient. Soit donc

$$w = (1, 0, 1, 1).$$

d'où la matrice G suivante :

$$G = \begin{pmatrix} 1 & 1 & 1 \\ 0 & 1 & 0 \\ 1 & 1 & 1 \\ 0 & 1 & 1 \end{pmatrix}$$

et le code $\mathscr{C}\ell_{4,3}$ qu'elle engendre :

$$
\begin{array}{ccc}
\overbrace{}^{B^3} & & \overbrace{}^{\text{Code}} \\
(0,0,0) & \longrightarrow & (0,0,0,0) \\
(0,0,1) & \longrightarrow & (1,0,1,1) \\
(0,1,0) & \longrightarrow & (1,1,1,1) \\
(0,1,1) & \longrightarrow & (0,1,0,0) \\
(1,0,0) & \longrightarrow & (1,0,1,0) \\
(1,0,1) & \longrightarrow & (1,1,1,0) \\
(1,1,0) & \longrightarrow & (0,1,0,1) \\
(1,1,1) & \longrightarrow & (1,1,1,0).
\end{array}
$$

Remarque

Les éléments d'un code systématique peuvent eux-mêmes être obtenus par un codage non systématique.

Exemple 4

Pour le code systématique $\mathscr{C}\ell_{5,3}$ du premier exemple, il est aisé de vérifier (comme il a été fait pour les vecteurs de l'exemple 3) que les vecteurs suivants sont indépendants :

$$
\begin{aligned}
u &= (1,1,1,0,0) \\
v &= (0,1,1,1,1) \\
w &= (1,0,1,1,0).
\end{aligned}
$$

Le code admet donc pour matrice génératrice

$$
G^\star = \begin{pmatrix} 1 & 0 & 1 \\ 1 & 1 & 0 \\ 1 & 1 & 1 \\ 0 & 1 & 1 \\ 0 & 1 & 0 \end{pmatrix}.
$$

Dans ce cas :

$$
\begin{array}{lll}
(1,0,0) & \text{est codé par} & (1,1,1,0,0), \\
(0,1,0) & \text{par} & (0,1,1,1,1), \\
(0,0,1) & \text{par} & (1,0,1,1,0)
\end{array}
$$

et plus généralement tout vecteur i de B^r par : $c = G^\star i$.

On retrouve ainsi l'ensemble des mots du code $\mathscr{C}\ell_{5,3}$ calculés dans l'exemple 1.

Remarque

Il faut noter cependant que tous les codes linéaires $\mathscr{C}\ell_{n,r}$ ne peuvent pas s'obtenir par codage systématique. Il suffit en effet que deux mots d'un code $\mathscr{C}$ aient leurs r premières composantes identiques pour qu'il n'y ait pas de fonction de codage systématique permettant la construction du code.

On dira donc qu'un code linéaire est *systématique* si l'une de ses matrices génératrices est normalisée ; celle-ci est évidemment unique de cette forme pour le code.

Exemple 5

Dans le code $\mathcal{C}\ell_{4,3}$ de l'exemple 3 se trouvent les vecteurs

$$u = (1,0,1,0) \text{ et } w = (1,0,1,1)$$

qui ne peuvent pas provenir tous deux d'un codage systématique de $(1,0,1)$.

3.2 Matrices de contrôle

Lorsque le codage n'est pas systématique, il n'y a pas de clé de contrôle et l'on ne peut pas, à partir d'une matrice génératrice, déduire une matrice de contrôle aussi immédiatement que dans le cas systématique.

Pour que la proposition 1 soit vraie dans le cas général, il faut trouver une fonction syndrome, S, c'est-à-dire une application linéaire dont le code est le noyau, donc qui *s'annulle pour et seulement pour les mots du code*.

Toute matrice C associée est une matrice de contrôle du code, d'où la caractérisation suivante d'un code linéaire

$$\boxed{c \in \mathcal{C}\ell_{n,r} \iff S(c) = C\,c = 0.}$$

Rappelons que :
- le "produit scalaire" de deux vecteurs u et v d'un même espace vectoriel, pour une base donnée, noté $<u,v>$, est le nombre :

$$<u,v> = u_1 v_1 + \ldots + u_n v_n$$

- les vecteurs u et v sont "orthogonaux" si et seulement si :

$$<u,v> = 0$$

d'où l'idée de caractériser les mots de code par leurs vecteurs orthogonaux.

3.2.1 Code orthogonal d'un code linéaire

L'ensemble E des vecteurs de B^n orthogonaux aux vecteurs du code est un code linéaire de longueur n et de dimension $(n-r)$.

En effet, soit $\mathcal{C}$ un code linéaire, on a :

a) $\forall u \in E, \forall v \in E, \quad \forall \lambda \in \{0,1\}$,
   pour tout $c \in \mathcal{C}$: $<(u+v), c> \;=\; <u,c> + <v,c> = 0$
   $<\lambda u, c> \;=\; \lambda <u,c> = 0.$

E est donc un sous espace vectoriel de B^n.

Il représente un code linéaire de longueur n, dit *code orthogonal* de $\mathcal{C}$ et noté $\mathcal{C}^\perp$.

b) Un vecteur u de B^n appartient à $\mathcal{C}^\perp$ dès qu'il est orthogonal à une base $\mathcal{B}$ du code $\mathcal{C}$. Si G est une matrice génératrice de $\mathcal{C}$, une de ces bases est composée des colonnes G_i, $1 \leq i \leq r$, de G, d'où :

$$u \in \mathcal{C}^\perp \iff \begin{cases} <u, G_1> = 0 \\ \vdots \quad \vdots \quad \vdots \\ <u, G_r> = 0 \end{cases}$$

avec pour chaque $G_i = (b_{1i}, \ldots, b_{n,i})$, $1 \leq i \leq r$:

$$\begin{aligned} <u, G_i> &= <(u_1, \ldots, u_n), (b_{1i}, \ldots, b_{n,i})> \\ &= u_1 b_{1i} + \ldots + u_n b_{n,i}. \end{aligned}$$

Les éléments u de $\mathcal{C}^\perp$ vérifient donc le système matriciel

$$\begin{pmatrix} \vdots & \vdots & \vdots & \vdots \\ b_{1i} & \ldots & \ldots & b_{n,i} \\ \vdots & \vdots & \vdots & \vdots \end{pmatrix} \begin{pmatrix} u_1 \\ \vdots \\ \vdots \\ u_n \end{pmatrix} = \begin{pmatrix} 0 \\ \vdots \\ 0 \end{pmatrix}.$$

La matrice d'éléments $b_{i,j}$ a pour lignes les colonnes de G, elle est appelée "matrice transposée" de G et se note ${}^t G$.

La solution de ce système de r équations à n inconnues avec $n > r$, dépend de $(n-r)$ constantes arbitraires.

Le code $\mathcal{C}^\perp$ est donc de dimension $s = n - r$.

3.2.2 Fonction syndrome

La relation d'orthogonalité est symétrique, on a donc

$$(\mathcal{C}^\perp)^\perp = \mathcal{C}$$

c'est-à-dire que si Γ est une matrice génératrice de $\mathcal{C}^\perp$, on a la caractérisation suivante des mots de $\mathcal{C}$:

$$c \in \mathcal{C} \iff {}^t \Gamma c = 0.$$

${}^t \Gamma$ ayant $s = (n-r)$ lignes et n colonnes, la fonction S telle que

$$m \in B^n \xhookrightarrow{S} S(m) = ({}^t \Gamma) m \in B^s$$

est une fonction syndrome du code linéaire, et ${}^t \Gamma$ est une matrice de contrôle du code. On a donc le résultat suivant :

PROPOSITION 2

Le code linéaire $\mathcal{C}$ admet pour matrice de contrôle la transposée d'une matrice génératrice de son code orthogonal.

Codes linéaires

Remarque

$\mathcal{C}^\perp$ ayant plusieurs matrices génératrices, $\mathcal{C}$ admet plusieurs matrices de contrôle. $\mathcal{C}$ et $\mathcal{C}^\perp$ jouent des rôles symétriques, chacun d'eux admet pour matrice de contrôle la transposée d'une matrice génératrice de l'autre.

Exemple 6

Soit $\mathcal{C}$ le code $\mathcal{C}_{5,3}$ défini par la matrice $G^\star$ de l'exemple 4. Cherchons les vecteurs orthogonaux au code, ils vérifient l'équation :

$$^tG^\star u = 0 \quad \text{soit} \quad \begin{pmatrix} 1 & 1 & 1 & 0 & 0 \\ 0 & 1 & 1 & 1 & 1 \\ 1 & 0 & 1 & 1 & 0 \end{pmatrix} \begin{pmatrix} u_1 \\ u_2 \\ u_3 \\ u_4 \\ u_5 \end{pmatrix} = \begin{pmatrix} 0 \\ 0 \\ 0 \end{pmatrix}.$$

En transformant le système par la méthode de Gauss on obtient :

$$\begin{pmatrix} 1 & 1 & 1 & 0 & 0 \\ 0 & 1 & 1 & 1 & 1 \\ 0 & 0 & 1 & 0 & 1 \end{pmatrix} \begin{pmatrix} u_1 \\ u_2 \\ u_3 \\ u_4 \\ u_5 \end{pmatrix} = \begin{pmatrix} 0 \\ 0 \\ 0 \end{pmatrix}.$$

Les solutions dépendent de deux constantes arbitraires, posons par exemple $u_4 = a$ et $u_5 = b$, a et b appartenant à $\{0, 1\}$, on a :

$$u_3 = u_5 = b, \quad u_2 = u_4 = a, \quad u_1 = a + b.$$

Tout vecteur solution $(u_1, u_2, u_3, u_4, u_5)$ peut s'écrire :

$$\begin{pmatrix} u_1 \\ u_2 \\ u_3 \\ u_4 \\ u_5 \end{pmatrix} = a \begin{pmatrix} 1 \\ 1 \\ 0 \\ 1 \\ 0 \end{pmatrix} + b \begin{pmatrix} 1 \\ 0 \\ 1 \\ 0 \\ 1 \end{pmatrix} = av + bw, \quad a \text{ et } b \in \{0, 1\}.$$

Les vecteurs
$$v = (1,1,0,1,0) \quad \text{obtenu pour } a=1 \text{ et } b=0,$$
$$w = (1,0,1,0,1) \quad \text{obtenu pour } a=0 \text{ et } b=1,$$
étant générateurs et libres forment une base de l'orthogonal $\mathcal{C}^\perp$ d'où une matrice de contrôle du code dont les lignes sont v et w :

$$C = \begin{pmatrix} 1 & 1 & 0 & 1 & 0 \\ 1 & 0 & 1 & 0 & 1 \end{pmatrix}.$$

On retrouve ici, par la méthode générale, la matrice de contrôle normalisée décrite dans l'exemple 2 correspondant au codage systématique du code $\mathcal{C}_{5,3}$.

D'autre part :

— en changeant l'ordre des vecteurs v, w on obtient une nouvelle base de $\mathcal{C}^\perp$ donc une matrice de contrôle dont l'ordre des vecteurs-ligne est différent :

$$\begin{pmatrix} 1 & 0 & 1 & 0 & 1 \\ 1 & 1 & 0 & 1 & 0 \end{pmatrix},$$

— un autre système de vecteurs libres de $\mathcal{C}^\perp$ donnerait une autre de ses matrices génératrices et donc une autre matrice de contrôle de $\mathcal{C}$.

Tous les vecteurs de l'orthogonal du code sont déterminés aisément par les valeurs 0 ou 1 que peuvent prendre a et b, nous en connaissons déjà 3, le vecteur nul et les deux vecteurs de base v et w ; le code est donc :

$$\mathcal{C} = \big\{(0,0,0,0,0)\, ;\, (1,0,1,0,1)\, ;\, (1,1,0,1,0)\, ;\, (0,1,1,1,1)\big\}.$$

Si les deux derniers, par exemple, sont choisis comme vecteurs de base de $\mathcal{C}^\perp$ on obtient les matrices de contrôle de $\mathcal{C}$:

$$\begin{pmatrix} 1 & 1 & 0 & 1 & 0 \\ 0 & 1 & 1 & 1 & 1 \end{pmatrix} \quad \text{et} \quad \begin{pmatrix} 0 & 1 & 1 & 1 & 1 \\ 1 & 1 & 0 & 1 & 0 \end{pmatrix}.$$

4 Détection d'erreur

Dire qu'un message m est erroné revient à imaginer qu'au mot de code c émis s'est ajouté, pendant la transmission, un vecteur e non nul, nommé *vecteur d'erreur*,

$$m = c + e.$$

En effet, une erreur sur un bit se produit lorsqu'à une composante de c s'est ajoutée une composante non nulle de e :

$$\begin{array}{llll} 1 & \text{transformé en} & 0 & \iff 1+1 \\ 0 & \text{transformé en} & 1 & \iff 0+1. \end{array}$$

Dans une transmission parfaitement correcte, le vecteur d'erreur est nul et l'expression $m = c + e$ convient également.

DÉFINITION

On appelle poids d'un vecteur le nombre de ses composantes non nulles.

Pour un vecteur binaire le poids est la somme dans $\mathbb{N}$ de ses composantes et les bits erronés dans m correspondent aux symboles 1 de e.

Le poids de e, noté $w(e)$, est donc le nombre k de symboles inexacts dans la transmission de c, il varie de 0 à n pour un code de longueur n ; on dit que e est une *erreur de poids k*.

4.1 Condition de détection d'erreur

Le syndrome de m est égal au syndrome de e en effet puisque $S(c) = 0$, et que S est une application linéaire on a :

$$S(m) = S(c+e) = S(c) + S(e) = S(e).$$

Si C est une matrice de contrôle du code, le syndrome d'une erreur de poids 1 située au $j^{ème}$ bit est la colonne de C de même rang j, comme on le voit sur le schéma ci-dessous.

$$\begin{pmatrix} c_{1,1} & \cdots & c_{1,j} & \cdots & c_{1,n} \\ & & c_{2,j} & & \\ \vdots & & \vdots & & \vdots \\ c_{s,1} & \cdots & c_{s,j} & \cdots & c_{s,n} \end{pmatrix} \begin{pmatrix} 0 \\ \vdots \\ 0 \\ 1 \\ 0 \\ \vdots \\ 0 \end{pmatrix} \quad \leftarrow \text{ligne } j$$

$$= \begin{pmatrix} c_{1,j} \\ c_{2,j} \\ \vdots \\ c_{s,j} \end{pmatrix}.$$

De même une erreur de poids k concernant les composantes $j_1, j_2, \cdots j_k$ de e, (donc de m), aura pour syndrome la somme des colonnes de C de rangs $j_1, j_2, \cdots j_k$:

$$S(e) = C\,e = C_{j_1} + C_{j_2} + \ldots + C_{j_k}$$

puisque seules les composantes non nulles de e entrent en jeu.

Remarque

Ainsi se justifie le terme de *syndrome* d'un message : il s'agit bien de la *somme des symptômes* produits par les erreurs de poids 1 du message.

Comme nous l'avons signalé au chapitre I, la détection d'erreur n'est pas entièrement efficace, la propriété suivante caractérise la possibilité de détection d'un message erroné en fonction du vecteur d'erreur.

PROPOSITION 3

> Un message erroné m est reconnu comme tel si et seulement si le vecteur d'erreur e n'est pas un mot de code.

En effet :
  a) soit m reconnu erroné, on a donc :

$$S(m) \neq 0 \implies S(c) + S(e) \neq 0$$
$$\implies S(e) \neq 0$$

c'est-à-dire que e n'est pas un mot du code.

b) si $e \notin \mathcal{C}$, soit m un message erroné :
$$m = c + e \implies S(m) = S(c) + S(e) = S(e) \neq 0$$
c'est-à-dire que le message est bien reconnu comme erroné.

$\square$

Nous allons montrer qu'il est possible d'évaluer, pour un code précis, les erreurs détectées à partir des mots du code.

4.2 Probabilité d'erreur détectée (pour un code donné)

Un message erroné, $m = c + e$, ne sera pas détecté si e est un des $(2^r - 1)$ mots du code, différents du vecteur nul, ce qui se produit avec la probabilité :

$$p_{nd} = \Pr\left((e = c_1) \cup (e = c_2) \cup \cdots \cup (e = c_{2^r - 1})\right)$$

$$= \sum_{j=1}^{2^r - 1} \Pr(e = c_j).$$

Mais tous les mots de code n'ont pas la même probabilité d'être vecteur d'erreur. Considérons les mots de code de poids k non nul, ils ont chacun vocation à représenter une erreur de poids k dont la probabilité, dans le cas d'un schéma de Bernoulli, est $p^k q^{n-k}$. S'il y a N_k tels mots dans le code, la probabilité d'erreur de poids k non détectée est alors :

$$p_{nd}(k) = N_k p^k q^{n-k}$$

et la probabilité d'erreur non détectée :

$$p_{nd} = \sum_{k=1}^{n} N_k p^k q^{n-k}.$$

Soit $p(0)$ la probabilité que le message soit correctement transmis, alors la probabilité d'erreur détectée est :

$$p_{det} = 1 - \left(p(0) + p_{nd}\right).$$

Remarquons que $p(0)$ peut s'écrire :

$$p(0) = N_k p^k q^{n-k} \quad \text{avec} \quad k = 0 \text{ et } N_0 = 1$$

d'où
$$p_{det} = 1 - \sum_{k=0}^{n} N_k p^k q^{n-k}.$$

Exemple 7

Le code $\mathcal{C}\ell_{5,3}$ décrit en (3) comprend :

$$\begin{array}{lll} 1 & \text{mot} & \text{de poids} \quad 0 \\ 2 & \text{mots} & \text{de poids} \quad 2 \\ 4 & \text{mots} & \text{de poids} \quad 3 \\ 1 & \text{mot} & \text{de poids} \quad 4 \end{array}$$

d'où :
$$\begin{aligned} p_{nd} &= 2p^2q^3 + 4p^3q^2 + p^4q \\ p(0) &= q^5 \\ p_{det} &= 1 - \bigl(p(0) + p_{nd}\bigr). \end{aligned}$$

Si $p = 0,1$ on obtient :
$$p_{nd} = 0,02, \quad p(0) = 0,59, \quad p_{det} = 0,39.$$

Pour ce code, les messages envoyés se répartissent de la manière suivante :

exacts : 59%	erronés : 41%	
	détectés : 39%	non détectés : 2%

Puisque $\dfrac{2}{41} = 0,0488$ on voit qu'environ 5% seulement des messages erronés ne sont pas détectés.

Conclusion

Un code linéaire $\mathcal{C}_{n,r}$ est un sous-espace vectoriel de B^n, de dimension r. Il peut être interprêté
- soit comme l'image d'une application linéaire f de codage,
- soit comme le noyau d'une application linéaire S de contrôle ou fonction syndrome :

$$B^r \xrightarrow{\;f\;} \begin{array}{c} B^n \\ \mathcal{C}_{n,r} = f(B^r) \subset B^n \\ \mathcal{C}_{n,r} = \text{noyau}(S) \subset B^n \end{array} \xrightarrow{\;S\;} \begin{array}{c} B^s \\ S(B^n) = B^s \end{array}$$

Codage

Les mots d'un code linéaire $\mathcal{C}\ell_{n,r}$ s'obtiennent à l'aide d'une matrice $G_{n,r}$ génératrice du code :
$$\forall i \in B^r : G_{n,r}i = c \in \mathcal{C}\ell_{n,r}.$$

Un code linéaire possède plusieurs matrices génératrices.

Un codage systématique correspond à une matrice génératrice normalisée, de la forme :
$$\begin{pmatrix} I_r \\ --- \\ K_{s,r} \end{pmatrix}.$$

Contrôle

Un mot du code $\mathcal{C}\ell_{n,r}$ est reconnu à l'aide d'une matrice de contrôle $C_{s,n}$
$$c \in \mathcal{C}\ell_{n,r} \iff C_{s,n} c = 0.$$

Un code linéaire possède plusieurs matrices de contrôle.

L'équivalence ci-dessus permet de construire également le code à l'aide d'une matrice de contrôle.

Si le code est systématique, il admet une matrice de contrôle normalisée déduite de la matrice génératrice normalisée, soit :
$$C_{s,n} = \begin{pmatrix} K_{s,r} & | & I_s \end{pmatrix}.$$

La forme particulière de certaines matrices de contrôle joue un rôle important pour l'évaluation de la capacité de détection et de correction d'erreur du code, comme nous le verrons plus loin au chapitre III et au chapitre VII.

Les matrices génératrices et les matrices de contrôle sont liées par la relation :
$$C\,G = 0 \quad \text{ou} \quad {}^t G\,{}^t C = 0.$$

À tout code $\mathcal{C}\ell_{n,r}$ correspond son orthogonal $\mathcal{C}\ell_{n,n-r}^\perp$, la transposée d'une matrice génératrice de l'un est une matrice de contrôle de l'autre.

Condition de détection d'erreur

Une erreur de poids k est représentée par un vecteur d'erreur e de B^n dont k composantes exactement sont non nulles ; la détection du message erroné n'est possible que si le vecteur d'erreur n'est pas un mot du code.

Tous les codes étudiés dans les chapitres suivants sont des codes linéaires.

Le chapitre III décrit une méthode générale de correction pour les codes linéaires.

Exercices

Exercice 1

1) Montrer qu'un code $\mathcal{C}_{3,2}$ obtenu par parité paire est linéaire tandis qu'un code $\mathcal{C}_{3,2}$ obtenu par parité impaire ne l'est pas.

2) Que peut-on dire d'un code, de longueur quelconque n, obtenu :
   – par parité paire ?
   – par parité impaire ?

---

1) Soit un code $\mathcal{C}_{3,2}$ codant des mots d'information de longueur 2 par des mots de code de longueur 3.

Si le code est de parité paire :

on ajoute, si nécessaire, au mot d'information un bit "1", afin que le nombre total de bits "1" du mot de code soit pair, ou de manière équivalente, pour que la somme modulo 2 des bits soit nulle ; on obtient :

B^2		Code
(0,0)	$\longrightarrow$	(0,0,0)
(0,1)	$\longrightarrow$	(0,1,1)
(1,0)	$\longrightarrow$	(1,0,1)
(1,1)	$\longrightarrow$	(1,1,0).

La valeur de la clé est donc la somme modulo 2 des bits d'information :

$$i_1 + i_2 + \text{clé} = 0 \implies \text{clé} = (i_1 + i_2) \mod 2.$$

Le code est par construction systématique, il est linéaire puisque la clé de contrôle est combinaison linéaire des composantes de i :

$$f(i) = \Big(i_1,\ i_2,\ (i_1 + i_2) \mod 2\Big).$$

Sa matrice génératrice normalisée s'écrit :

$$G = \begin{pmatrix} 1 & 0 \\ 0 & 1 \\ 1 & 1 \end{pmatrix}.$$

Si le code est de parité impaire :

dans le mot de code, le nombre de bits égaux à 1 est impair, d'où le codage :

B^2		Code
(0,0)	$\longrightarrow$	(0,0,1)
(0,1)	$\longrightarrow$	(0,1,0)
(1,0)	$\longrightarrow$	(1,0,0)
(1,1)	$\longrightarrow$	(1,1,1).

La valeur de la clé est alors :

$$(i_1 + i_2 + 1) \mod 2.$$

La clé n'étant pas combinaison linéaire des bits d'information, le codage est non linéaire et la fonction de codage n'est pas représentée par une matrice.
Cependant le codage est systématique puisque $c = (i, k)$.

Remarque

Dès la première ligne de codage nous pouvions affirmer ce résultat, en effet une application linéaire de B^r dans B^n transforme le vecteur nul de B^r en le vecteur nul de B^n, ce n'est pas ce qui se produit dans ce code, il n'est donc pas linéaire.

2) Il est évident que ces résultats s'appliquent à tous les codes de parité paire et impaire. Pour ces codes, puisque la clé est composée d'un seul bit on a : $n = r + 1$ d'où :

– tout code $\mathscr{C}_{r+1,r}$ de parité paire est linéaire,
– les codes $\mathscr{C}_{r+1,r}$ de parité impaire ne sont pas linéaires.

Exercice 2

Soit un code de parités croisées pour des mots d'information de longueur $r = K \times L$, que l'on range dans un tableau à L lignes et K colonnes.

1) En considérant comme mot de code le bloc information suivi des bits de parité :
$$c = i_1, \ldots, i_{L \times K}, k_1, \ldots, k_L, k_{L+1}, \ldots, k_{L+K+1},$$
montrer qu'il s'agit d'un code linéaire systématique.

2) Pour $L = K = 2$, donner une matrice génératrice du code.

---

1) Soit $i_1, i_2, \ldots, i_r$ un mot d'information, le codage par bits de parités croisées lui adjoint $(L + K + 1)$ bits de parités avec la disposition suivante :

$$\begin{array}{ccc|c}
i_1 & \ldots & i_K & k_1 \\
\vdots & \vdots & \vdots & \vdots \\
\ldots & \ldots & i_{L \times K} & k_L \\
\hline
k_{L+1} & \ldots & k_{L+K} & k_{L+K+1}
\end{array}$$

Puisqu'un mot de code est de la forme $c = i, k$ le code est systématique.
Chaque bit de redondance est la somme modulo 2 des bits d'information d'une ligne ou d'une colonne. Utilisons la représentation vectorielle des mots, la clé de contrôle étant combinaison linéaire des bits d'information, le code est linéaire.

2) Pour $K = L = 2$, le tableau représentatif d'un mot de code est :

$$\begin{array}{cc|c}
i_1 & i_2 & k_1 \\
i_3 & i_4 & k_2 \\
\hline
k_3 & k_4 & k_5
\end{array}$$

avec les relations suivantes où l'opération est l'addition modulo 2 :

$$k_1 = i_1 + i_2 \ ; \ k_2 = i_3 + i_4 \ ; \ k_3 = i_1 + i_3 \ ; \ k_4 = i_2 + i_4 \ ; \ k_5 = k_1 + k_2 = \sum_{j=1}^{4} i_j.$$

Elles permettent de construire une base $\mathcal{B} = \{f(e_i)\}$ du code, à partir de la base canonique $(e_i)_{i=1}^{4}$ de B^4, par $f(e_i) = (e_i, \text{ clé de } e_i)$, soit :

		e_i	Clé de e_i
$f(e_1)$	=	$(1,0,0,0,$	$1,0,1,0,1)$
$f(e_2)$	=	$(0,1,0,0,$	$1,0,0,1,1)$
$f(e_3)$	=	$(0,0,1,0,$	$0,1,1,0,1)$
$f(e_4)$	=	$(0,0,0,1,$	$0,1,0,1,1)$

on obtient un code $\mathcal{C}\ell_{9,4}$ systématique de matrice normalisée :

$$G_{9,4} = \begin{pmatrix} 1 & 0 & 0 & 0 \\ 0 & 1 & 0 & 0 \\ 0 & 0 & 1 & 0 \\ 0 & 0 & 0 & 1 \\ 1 & 1 & 0 & 0 \\ 0 & 0 & 1 & 1 \\ 1 & 0 & 1 & 0 \\ 0 & 1 & 0 & 1 \\ 1 & 1 & 1 & 1 \end{pmatrix}.$$

Exercice 3

Un code linéaire $\mathcal{C}\ell_{n,r}$ a pour matrice de contrôle :

$$C = \begin{pmatrix} 1 & 0 & 1 & 1 & 0 & 0 \\ 1 & 1 & 0 & 0 & 1 & 0 \\ 0 & 1 & 0 & 0 & 0 & 1 \end{pmatrix}.$$

1) Préciser la longueur n des mots de code et la longueur r des mots d'information.

2) Les messages suivants sont-ils des mots de code ?

$$\begin{aligned} m &= (1,1,1,0,1,1) \\ m^\star &= (1,0,0,1,1,0). \end{aligned}$$

3) Donner une matrice génératrice du code et le codage de chaque mot d'information.

---

1) La matrice de contrôle possède $s = (n-r)$ lignes et n colonnes, on en déduit :

$$\begin{aligned} &\text{la longueur des mots de code} &&: n = 6, \\ &\text{la longueur des mots d'information} &&: r = 3. \end{aligned}$$

2) Calculons les syndromes des messages m et m^* avec la disposition condensée suivante pour les produits matriciels :

$$\begin{pmatrix} 1 & 0 & 1 & 1 & 0 & 0 \\ 1 & 1 & 0 & 0 & 1 & 0 \\ 0 & 1 & 0 & 0 & 0 & 1 \end{pmatrix} \begin{pmatrix} 1 \\ 1 \\ 1 \\ 0 \\ 1 \\ 1 \end{pmatrix} \quad \begin{pmatrix} 1 \\ 0 \\ 0 \\ 1 \\ 1 \\ 0 \end{pmatrix}$$

$$= \begin{pmatrix} 0 \\ 1 \\ 0 \end{pmatrix} \quad \begin{pmatrix} 0 \\ 0 \\ 0 \end{pmatrix}$$

donc : $(1,1,1,0,1,1)$ n'est pas un mot de code et $(1,0,0,1,1,0)$ en est un.

3) C est de forme normalisée $(K \mid I)$, le code est donc systématique et sa matrice génératrice associée sera :

$$G = \begin{pmatrix} I_r \\ --- \\ K_{s,r} \end{pmatrix} = \begin{pmatrix} 1 & 0 & 0 \\ 0 & 1 & 0 \\ 0 & 0 & 1 \\ 1 & 0 & 1 \\ 1 & 1 & 0 \\ 0 & 1 & 0 \end{pmatrix}.$$

Quatre vecteurs de code sont évidents : $-$ le vecteur nul de B^6,
$\qquad\qquad\qquad\qquad\qquad\qquad\quad -$ les colonnes de G.

Les quatre autres vecteurs d'information i sont codés par $G\,i$, on obtient :

$$\begin{pmatrix} 1 & 0 & 0 \\ 0 & 1 & 0 \\ 0 & 0 & 1 \\ 1 & 0 & 1 \\ 1 & 1 & 0 \\ 0 & 1 & 0 \end{pmatrix} \begin{pmatrix} 0 \\ 1 \\ 1 \end{pmatrix} \quad \begin{pmatrix} 1 \\ 0 \\ 1 \end{pmatrix} \quad \begin{pmatrix} 1 \\ 1 \\ 0 \end{pmatrix} \quad \begin{pmatrix} 1 \\ 1 \\ 1 \end{pmatrix}$$

$$= \begin{pmatrix} 0 \\ 1 \\ 1 \\ 1 \\ 1 \\ 1 \end{pmatrix} \quad \begin{pmatrix} 1 \\ 0 \\ 1 \\ 0 \\ 1 \\ 0 \end{pmatrix} \quad \begin{pmatrix} 1 \\ 1 \\ 0 \\ 1 \\ 0 \\ 1 \end{pmatrix} \quad \begin{pmatrix} 1 \\ 1 \\ 1 \\ 0 \\ 0 \\ 1 \end{pmatrix}.$$

d'où le code :

B^3		Code
$(0,0,0)$	$\longrightarrow$	$(0,0,0,0,0,0)$
$(0,0,1)$	$\longrightarrow$	$(0,0,1,1,0,0)$
$(0,1,0)$	$\longrightarrow$	$(0,1,0,0,1,1)$
$(0,1,1)$	$\longrightarrow$	$(0,1,1,1,1,1)$
$(1,0,0)$	$\longrightarrow$	$(1,0,0,1,1,0)$
$(1,0,1)$	$\longrightarrow$	$(1,0,1,0,1,0)$
$(1,1,0)$	$\longrightarrow$	$(1,1,0,1,0,1)$
$(1,1,1)$	$\longrightarrow$	$(1,1,1,0,0,1)$.

Exercice 4

Soit le code linéaire $\mathcal{C}\ell_{7,4}$ tel qu'au vecteur d'information $i = (i_1, i_2, i_3, i_4)$ corresponde le mot de code $c = (i_1, i_2, i_3, i_4, c_5, c_6, c_7)$ avec :

$$\begin{aligned} c_5 &= i_1 + i_3 + i_4 \\ c_6 &= i_1 + i_2 + i_3 \\ c_7 &= i_2 + i_3 + i_4. \end{aligned}$$

1) Donner la matrice des clés K de ce code.

2) Soit $i = (1, 0, 1, 0)$, quel est le mot de code associé ?

3) Le message $m = (1, 0, 1, 1, 0, 0, 1)$ est-il un mot de code ?

---

1) Remarquons qu'il s'agit d'un code systématique. La matrice des clés, K, a pour colonnes les clés des mots de code correspondant à la base canonique de B^r. Elle a donc $(n-r) = 3$ lignes et $r = 4$ colonnes. Les formules données permettent de calculer ces clés :

Base de B^4	Clés
$(1,0,0,0)$	$(1,1,0)$
$(0,1,0,0)$	$(0,1,1)$
$(0,0,1,0)$	$(1,1,1)$
$(0,0,0,1)$	$(1,0,1)$

d'où :

$$K = \begin{pmatrix} 1 & 0 & 1 & 1 \\ 1 & 1 & 1 & 0 \\ 0 & 1 & 1 & 1 \end{pmatrix}.$$

2) La clé de $i = (1, 0, 1, 0)$ est calculée par le produit Ki, c'est-à-dire :

$$\begin{pmatrix} 1 & 0 & 1 & 1 \\ 1 & 1 & 1 & 0 \\ 0 & 1 & 1 & 1 \end{pmatrix} \begin{pmatrix} 1 \\ 0 \\ 1 \\ 0 \end{pmatrix} = \begin{pmatrix} 0 \\ 0 \\ 1 \end{pmatrix}$$

d'où le mot codant i : $(1, 0, 1, 0, 0, 0, 1)$.

3) Le message m est de forme (i, q) avec $i = (1, 0, 1, 1)$ et $q = (0, 0, 1)$. Calculons la clé k associée à i :

$$\begin{pmatrix} 1 & 0 & 1 & 1 \\ 1 & 1 & 1 & 0 \\ 0 & 1 & 1 & 1 \end{pmatrix} \begin{pmatrix} 1 \\ 0 \\ 1 \\ 1 \end{pmatrix} = \begin{pmatrix} 1 \\ 0 \\ 0 \end{pmatrix}.$$

Le message m n'est pas un mot de code, puisque la queue du mot, $(0, 0, 1)$, est différente de la clé $(1, 0, 0)$.

Remarque

Il revient au même de calculer le syndrome de m et de vérifier qu'il n'est pas nul :

$$\begin{pmatrix} 1 & 0 & 1 & 1 & 1 & 0 & 0 \\ 1 & 1 & 1 & 0 & 0 & 1 & 0 \\ 0 & 1 & 1 & 1 & 0 & 0 & 1 \end{pmatrix} \begin{pmatrix} 1 \\ 0 \\ 1 \\ 1 \\ 0 \\ 0 \\ 1 \end{pmatrix} = \begin{pmatrix} 1 \\ 0 \\ 1 \end{pmatrix} \neq \begin{pmatrix} 0 \\ 0 \\ 0 \end{pmatrix}.$$

Exercice 5

Soit le code linéaire systématique de matrice de contrôle :

$$C = \begin{pmatrix} 1 & 1 & 1 & 1 \end{pmatrix}.$$

1) Décrire la fonction de codage (c'est-à-dire donner le mot de code correspondant à chaque mot d'information).

2) Dans le cas d'un schéma de Bernoulli, si p est la probabilité d'erreur sur un bit, exprimer en fonction de p la probabilité d'erreur détectée pour ce code. Application pour $p = 0,1$.

3) En remarquant que le code est de parité paire retrouver par une autre méthode l'expression de cette probabilité.

---

1) La matrice de contrôle ayant $(n-r)$ lignes et n colonnes, on obtient :

$$n = 4 \quad \text{et} \quad r = 3.$$

Il s'agit donc d'un code linéaire $\mathcal{C}\ell_{4,3}$.

De la matrice de contrôle C on peut déduire la matrice génératrice normalisée du code, G, et calculer pour chaque vecteur d'information i le mot de code correspondant $c = Gi$:

$$\begin{pmatrix} 1 & 0 & 0 \\ 0 & 1 & 0 \\ 0 & 0 & 1 \\ 1 & 1 & 1 \end{pmatrix} \begin{pmatrix} i_1 \\ i_2 \\ i_3 \end{pmatrix}$$

ou, puisque tout mot de code $c = (c_1, c_2, c_3, c_4)$ est de syndrome nul, résoudre l'équation :

$$Cc = 0 \quad \text{soit} \quad \begin{pmatrix} 1 & 1 & 1 & 1 \end{pmatrix} \begin{pmatrix} c_1 \\ c_2 \\ c_3 \\ c_4 \end{pmatrix} = 0$$

c'est-à-dire :

$$\begin{aligned} c_1 + c_2 + c_3 + c_4 &= 0 \\ c_4 &= c_1 + c_2 + c_3 \quad \text{(addition modulo 2)} \\ &= i_1 + i_2 + i_3 \quad \text{(code systématique)}. \end{aligned}$$

Pour tout mot de code, la clé est la somme des bits d'information, il s'agit donc d'un codage par bit de parité.

On obtient le codage suivant de B^3 dans B^4 :

$$
\begin{array}{ccc}
\overbrace{}^{B^3} & & \overbrace{}^{\text{Code}} \\
(0,0,0) & \longrightarrow & (0,0,0,0) \\
(0,0,1) & \longrightarrow & (0,0,1,1) \\
(0,1,0) & \longrightarrow & (0,1,0,1) \\
(0,1,1) & \longrightarrow & (0,1,1,0) \\
(1,0,0) & \longrightarrow & (1,0,0,1) \\
(1,0,1) & \longrightarrow & (1,0,1,0) \\
(1,1,0) & \longrightarrow & (1,1,0,0) \\
(1,1,1) & \longrightarrow & (1,1,1,1).
\end{array}
$$

2) Un message erroné $m = c + e$ n'est pas détecté si et seulement si le vecteur d'erreur e est un mot de code. Calculons la probabilité que e soit un mot du code.

Le code comprend :
- 1 mot de poids 4,
- 6 mots de poids 2,
- 1 mot de poids 0.

qui peuvent être vecteurs d'erreur.

La probabilité que l'erreur soit un mot du code est, en posant $q = 1 - p$:

$$p_{nd} = 6p^2 q^2 + p^4$$

et la probabilité que le message n'ait pas d'erreur, $p(0) = q^4$, d'où pour ce code la probabilité d'erreur détectée :

$$p_{det} = 1 - (q^4 + 6p^2 q^2 + p^4).$$

Application numérique

Soit $p = 0,1$ donc $q = 0,9$ d'où :

$$
\begin{aligned}
p_{nd} &= 0,0486 \simeq 0,05 \; ; \\
p(0) &= 0,6561 \simeq 0,66 \; ; \\
p_{det} &\simeq 0,29.
\end{aligned}
$$

3) Le code est de parité paire puisque :

$$c_1 + c_2 + c_3 + c_4 = 0 \mod 2$$

donc les seuls messages erronés reconnus comportent un nombre impair de bits inexacts, d'où :

$$
\begin{aligned}
p_{det} &= \Pr(X = 1) + \Pr(X = 3) \\
&= \mathrm{C}_4^1 pq^3 + \mathrm{C}_4^3 p^3 q = 4pq(p^2 + q^2).
\end{aligned}
$$

Or
$$1 = (p+q)^4 = q^4 + \mathrm{C}_4^1 pq^3 + \mathrm{C}_4^2 p^2 q^2 + \mathrm{C}_4^3 p^3 q + p^4$$

d'où
$$\mathrm{C}_4^1 pq^3 + \mathrm{C}_4^3 p^3 q = 1 - (q^4 + 6p^2 q^2 + p^4).$$

Exercice 6

Soit $\mathcal{C}$ un code $\mathcal{C}\ell_{3,2}$ de matrice génératrice :

$$G_{3,2} = \begin{pmatrix} 1 & 0 \\ 1 & 1 \\ 0 & 1 \end{pmatrix}.$$

1) Donner le codage de B^2 par le code $\mathcal{C}$.

2) Donner toutes les matrices génératrices du code $\mathcal{C}$.

3) Dans B^3, combien y a t-il de familles libres de 2 vecteurs?

4) Combien y a t-il de codes linéaires $\mathcal{C}\ell_{3,2}$? Combien y en a t-il qui soient obtenus par un codage systématique?

---

1) Le codage de B^2 par $\mathcal{C}$ donne la correspondance suivante entre les vecteurs de B^2 et certains vecteurs de B^3 :

$$\begin{array}{rcl}
(0,0) & \longrightarrow & (0,0,0) \\
(0,1) & \longrightarrow & (0,1,1) \\
(1,0) & \longrightarrow & (1,1,0) \\
(1,1) & \longrightarrow & (1,0,1).
\end{array}$$

2) Les vecteurs-colonnes d'une matrice génératrice sont les vecteurs d'une base du code. Or le code $\mathcal{C}$ a pour base toute famille libre composée de deux vecteurs du code. Le vecteur nul n'appartient à aucune base et deux vecteurs distincts non nuls sont linéairement indépendants. Une famille est un ensemble ordonné, le nombre de bases est donc le nombre d'arrangements de deux éléments parmi trois : $\mathcal{A}_3^2 = 6$. Les bases du code $\mathcal{C}$ sont :

$$\begin{array}{rclcrcl}
\mathcal{B}_1 & = & \{(1,1,0),(0,1,1)\} & \text{et} & \mathcal{B}_2 & = & \{(0,1,1),(1,1,0)\}, \\
\mathcal{B}_3 & = & \{(0,1,1),(1,0,1)\} & \text{et} & \mathcal{B}_4 & = & \{(1,0,1),(0,1,1)\}, \\
\mathcal{B}_5 & = & \{(1,1,0),(1,0,1)\} & \text{et} & \mathcal{B}_6 & = & \{(1,0,1),(1,1,0)\}.
\end{array}$$

d'où les six matrices génératrices du code $\mathcal{C}$ où G_1 est la matrice $G_{3,2}$ du texte :

$$G_1 = \begin{pmatrix} 1 & 0 \\ 1 & 1 \\ 0 & 1 \end{pmatrix} \quad ; \quad G_2 = \begin{pmatrix} 0 & 1 \\ 1 & 1 \\ 1 & 0 \end{pmatrix} \quad ;$$

$$G_3 = \begin{pmatrix} 0 & 1 \\ 1 & 0 \\ 1 & 1 \end{pmatrix} \quad ; \quad G_4 = \begin{pmatrix} 1 & 0 \\ 0 & 1 \\ 1 & 1 \end{pmatrix} \quad ;$$

$$G_5 = \begin{pmatrix} 1 & 1 \\ 1 & 0 \\ 0 & 1 \end{pmatrix} \quad ; \quad G_6 = \begin{pmatrix} 1 & 1 \\ 0 & 1 \\ 1 & 0 \end{pmatrix}.$$

Remarque

Un seul codage est systématique, il correspond à la matrice génératrice G_4.

3) B^3 comprend 2^3 vecteurs ; dans B^3 le nombre de familles libres composées de deux vecteurs non nuls est donc le nombre d'arrangements : $\mathcal{A}_7^2 = 42$.

4) Chaque famille libre de deux vecteurs de B^3 engendre un sous-espace vectoriel de B^3 de dimension 2, donc un code $\mathscr{C}\ell_{3,2}$. Mais certaines engendrent le même code.
D'après la question 2) un code $\mathscr{C}_{3,2}$ possède six bases donc :

$$\text{le nombre de codes } \mathcal{C}\ell_{3,2} \text{ est } \frac{42}{6} = 7.$$

Remarque

Le nombre total de matrices génératrices de codes $\mathscr{C}_{3,2}$ est $7 \times 6 = 42$.

Codes systématiques

La matrice génératrice d'un code systématique $\mathscr{C}_{3,2}$ est de la forme :

$$\begin{pmatrix} 1 & 0 \\ 0 & 1 \\ a & b \end{pmatrix} \qquad a,b \in \{0,1\}.$$

Il y a donc quatre codes $\mathscr{C}\ell_{3,2}$ systématiques, suivant les valeurs de a et b, ce sont les codes de matrices normalisées :

$$\begin{pmatrix} 1 & 0 \\ 0 & 1 \\ 0 & 0 \end{pmatrix} \begin{pmatrix} 1 & 0 \\ 0 & 1 \\ 0 & 1 \end{pmatrix} \begin{pmatrix} 1 & 0 \\ 0 & 1 \\ 1 & 0 \end{pmatrix} \begin{pmatrix} 1 & 0 \\ 0 & 1 \\ 1 & 1 \end{pmatrix}.$$

Exercice 7

Soit $\mathscr{C}$ un code $\mathscr{C}_{5,3}$ défini par la matrice génératrice :

$$G_{5,3} = \begin{pmatrix} 1 & 0 & 0 \\ 1 & 1 & 0 \\ 0 & 1 & 1 \\ 0 & 0 & 1 \\ 0 & 0 & 0 \end{pmatrix}.$$

1) Donner une matrice de contrôle du code.

2) Décrire le code orthogonal de $\mathscr{C}$.

---

1) Une matrice de contrôle C du code $\mathscr{C}$ est la transposée d'une matrice génératrice de son orthogonal $\mathscr{C}^\perp$. Symétriquement une matrice de contrôle de $\mathscr{C}^\perp$ est la transposée d'une matrice génératrice G de $\mathscr{C}$. Les vecteurs $v = (v_1, \ldots, v_5)$ de $\mathscr{C}^\perp$ vérifient donc :

$$^tG\,v = 0 \quad \text{soit} \quad \begin{pmatrix} 1 & 1 & 0 & 0 & 0 \\ 0 & 1 & 1 & 0 & 0 \\ 0 & 0 & 1 & 1 & 0 \end{pmatrix} \begin{pmatrix} v_1 \\ v_2 \\ v_3 \\ v_4 \\ v_5 \end{pmatrix} = \begin{pmatrix} 0 \\ 0 \\ 0 \end{pmatrix}.$$

Ce système se résout facilement par la méthode de Gauss ; la dernière équation montre qu'il y a deux composantes arbitraires.

Posons par exemple $v_4 = a$ et $v_5 = b$, avec a et b appartenant à $\{0,1\}$, on en déduit :

$$\begin{aligned} v_3 + v_4 = 0 &\quad \text{d'où} \quad v_3 = v_4 = a \\ v_2 + v_3 = 0 &\quad \text{d'où} \quad v_2 = v_3 = a \\ v_1 + v_2 = 0 &\quad \text{d'où} \quad v_1 = a. \end{aligned}$$

L'espace vectoriel des solutions peut s'écrire :

$$\begin{pmatrix} v_1 \\ v_2 \\ v_3 \\ v_4 \\ v_5 \end{pmatrix} = a \begin{pmatrix} 1 \\ 1 \\ 1 \\ 1 \\ 0 \end{pmatrix} + b \begin{pmatrix} 0 \\ 0 \\ 0 \\ 0 \\ 1 \end{pmatrix}.$$

Pour $a = 1$ et $b = 0$ on obtient le vecteur $(1,1,1,1,0)$, pour $a = 0$ et $b = 1$ le vecteur $(0,0,0,0,1)$. Ces deux vecteurs étant linéairement indépendants forment une base de l'orthogonal. Une matrice génératrice de l'orthogonal, notée $G^\star$, est donc :

$$G^\star = \begin{pmatrix} 1 & 0 \\ 1 & 0 \\ 1 & 0 \\ 1 & 0 \\ 0 & 1 \end{pmatrix}$$

d'où une matrice de contrôle du code $\mathcal{C}$:

$$C = {}^t G^\star = \begin{pmatrix} 1 & 1 & 1 & 1 & 0 \\ 0 & 0 & 0 & 0 & 1 \end{pmatrix}.$$

2) L'orthogonal $\mathcal{C}^\perp$, de matrice génératrice $G^\star$ est un code $\mathcal{C}\ell_{5,2}$; les vecteurs $(1,0)$ et $(0,1)$ sont codés par la première et la seconde colonne de $G^\star$, le codage du vecteur $(1,1)$ s'obtient par le produit matriciel :

$$\begin{pmatrix} 1 & 0 \\ 1 & 0 \\ 1 & 0 \\ 1 & 0 \\ 0 & 1 \end{pmatrix} \begin{pmatrix} 1 \\ 1 \end{pmatrix} = \begin{pmatrix} 1 \\ 1 \\ 1 \\ 1 \\ 1 \end{pmatrix}$$

d'où le code :

B^2		Code
$(0,0)$	$\longrightarrow$	$(0,0,0,0,0)$
$(0,1)$	$\longrightarrow$	$(0,0,0,0,1)$
$(1,0)$	$\longrightarrow$	$(1,1,1,1,0)$
$(1,1)$	$\longrightarrow$	$(1,1,1,1,1).$

CHAPITRE III

Correction automatique

La correction automatique remplace systématiquement tout message reçu par l'un des mots corrects, c'est-à-dire appartenant au code, qui lui "ressemble" le plus. Pour maîtriser au mieux la part d'aléatoire de cette méthode, on construit des codes qui corrigent parfaitement tous les messages dont le nombre d'erreurs ne dépasse pas un certain seuil et on calcule les chances d'apparition de tels messages. Avec les codes de Hamming, tous les messages entachés d'une erreur sur un seul symbole, et eux uniquement, sont rétablis correctement avant restitution de l'information au destinataire.

1 Principe

Lorsqu'un message erroné est détecté, pour qu'il soit possible de le corriger il est nécessaire de localiser l'erreur qu'il contient.

Considérons le cas simple d'un message m comportant une *erreur de poids 1*, le vecteur d'erreur e n'a donc qu'une composante non nulle.

Soit C une matrice de contrôle du code, nous avons vu au chapitre I que les colonnes de C sont les syndromes des erreurs de poids 1 d'où :

- $S(m) = S(e)$ est donc une colonne de C,
- si, de plus, il n'y a qu'*une seule colonne* C_i égale à $S(m)$, l'unique bit erroné se trouve à la $i^{ème}$ place dans e donc dans m.

Dans ce cas le message est aisément rectifiable.

Dans le cas général ni le poids de l'erreur, ni la position des bits qu'elle affecte, ne sont connus. Le mot émis c dont provient le message erroné m peut s'écrire :

$$c = m + e.$$

où e est un vecteur d'erreur dont on sait seulement qu'il est non nul.

Pour reconstituer c à partir du message m, faute de savoir localiser l'erreur, l'idée est d'ajouter à m le *plus probable* vecteur d'erreur. Nous l'appellerons *vecteur de correction* ε.

Par ce procédé que nous appelons *correction automatique*, l'exactitude du résultat n'est pas certaine, nous verrons dans quel cas on peut affirmer qu'elle l'est et nous estimerons la probabilité qu'elle le soit.

Probabilité du poids des erreurs

Une étude comparative des probabilités d'apparition des erreurs en fonction de leur poids conduit à la proposition ci-dessous.

PROPOSITION 1

Pour un message de longueur n, avec une probabilité d'erreur par bit p uniforme et des erreurs indépendantes, les probabilités $p(k)$ des erreurs de poids k sont telles que :

si $np < 1$

a) $p(1) > 2p(2) > 2^2 p(3) > \cdots > 2^{n-1} p(n)$,

b) $p(1) > p(2) + \cdots + p(n)$.

DÉMONSTRATION

a) La situation étant celle d'un schéma de Bernoulli comparons $p(k)$ et $p(k+1)$:

$$p(k) = C_n^k p^k (1-p)^{n-k}$$
$$p(k+1) = C_n^{k+1} p^{k+1} (1-p)^{n-k-1}.$$

On a :

$$\frac{p(k)}{p(k+1)} = \frac{n!}{k!(n-k)!} \frac{(k+1)!(n-k-1)!}{n!} \frac{p^k (1-p)^{n-k}}{p^{k+1}(1-p)^{n-k-1}}$$
$$= \frac{(k+1)}{(n-k)} \frac{(1-p)}{p}.$$

Ce rapport est supérieur à 2 pour : $(k+1)(1-p) > 2(n-k)p$, soit :

$$p < \frac{k+1}{2n+1-k}. \tag{1}$$

La condition est remplie pour tout k entier tel que $1 \leq k \leq (n-1)$ dès que $p < \frac{1}{n}$. En effet, dans (1), le numérateur augmente avec k et le dénominateur diminue donc le quotient augmente ; il prend sa plus petite valeur pour $k=1$, ce qui donne :

$$\forall k,\ 1 \leq k \leq (n-1)\ :\quad p(k) > 2p(k+1).$$

et implique la suite d'inégalités du *a)*.

b) Evaluons alors $\Pr(X > 1)$ c'est-à-dire $p(2) + \cdots + p(n)$:

$$p(2) < \frac{p(1)}{2}$$
$$p(3) < \frac{p(2)}{2} < \frac{p(1)}{2^2}$$
$$\vdots \qquad \vdots \qquad \vdots$$
$$p(n) < \frac{p(n-1)}{2} < \frac{p(1)}{2^{n-1}}$$

d'où $\quad p(2)+\cdots+p(n) < \dfrac{p(1)}{2}\Big(1+\dfrac{1}{2}+\dfrac{1}{2^2}+\cdots+\dfrac{1}{2^{(n-1)}}\Big) < \dfrac{p(1)}{2}\sum_{k=0}^{\infty}\dfrac{1}{2^k}.$

Or la série géométrique de raison $1/2$, de premier terme 1 est convergente et a pour somme $\dfrac{1}{1-1/2}=2$ ce qui implique

$$p(1) > \sum_{k=2}^{n} p(k).$$

Ainsi, dans un message erroné et sous la condition $np \leq 1$,
- les erreurs de poids faibles sont les plus probables,
- et il y a plus de 50% de chances que l'erreur soit de poids 1.

Nous supposerons désormais que $np < 1$

Vecteur de correction

C'est à partir des deux résultats précédents que s'établissent les méthodes de correction d'erreur. Ils confirment l'idée intuitive sur laquelle repose la correction automatique, car si m a peu d'erreurs il présente peu de différence avec le mot émis.

Le vecteur de correction ε doit donc répondre aux exigences suivantes :
- être tel que $(m+\varepsilon)$ soit un mot de code,
- être de poids le plus faible possible.

2 Méthode de correction par syndromes

Dire que $(m+\varepsilon)$ est un mot de code signifie que son syndrome $S(m+\varepsilon)$, calculé à l'aide d'une matrice de contrôle C, est le vecteur nul noté 0, d'où, S étant linéaire :

$$S(m+\varepsilon) = S(m) + S(\varepsilon) = 0$$

c'est-à-dire, puisqu'il s'agit de l'addition de vecteurs binaires :

$$S(m) = S(\varepsilon).$$

Il faut donc chercher ε parmi les vecteurs de B^n de même syndrome que m. Pour cela on utilise la relation d'équivalence suivante.

2.1 Relation d'équivalence entre vecteurs de B^n

Deux vecteurs u et $v \in B^n$, seront équivalents si :

$$S(u) = S(v).$$

Il est aisé de vérifier les propriétés caractéristiques d'une relation d'équivalence :

$$\forall u,v,w \in B^n: \begin{array}{l} S(u)=S(u) \\ S(u)=S(v) \implies S(v)=S(u) \\ \left.\begin{array}{l} S(u)=S(v) \\ S(v)=S(w) \end{array}\right\} \implies S(u)=S(w). \end{array}$$

Les vecteurs de B^n sont alors répartis en *classes d'équivalence par syndrome*, deux vecteurs appartenant à la même classe si et seulement si ils ont le même syndrome.

Nombre d'éléments par classe

- Les mots de code, de syndrome nul, forment une classe pour cette relation et cette classe possède 2^r éléments.

- La linéarité de la fonction de contrôle S implique que toutes les classes ont le même nombre d'éléments, en effet :

$$\begin{aligned} S(u) = S(v) &\iff S(u) + S(v) = 0 \quad \text{(addition de vecteurs binaires)} \\ &\iff S(u+v) = 0, \end{aligned}$$

ce qui signifie que $(u+v)$ appartient au code. Ainsi les vecteurs v de même syndrome que u s'obtiennent en ajoutant à u un vecteur du code. Leur ensemble est la classe de u que l'on écrit :

$$\text{classe de } u = u + \mathcal{C} \tag{2}$$

et dont le cardinal est donc égal à celui du code.

Nombre de classes

Il y a 2^n vecteurs dans B^n, d'où 2^{n-r} classes ou en posant $s = (n - r)$, 2^s syndromes distincts, dont l'ensemble est donc B^s.

2.2 Tableau standard

Les vecteurs de B^n peuvent alors être rangés suivant leur syndrôme dans un tableau appelé *tableau standard* ou *table de correction*.

Construction du tableau

Convenons de noter S_j, pour $0 \leq j \leq 2^s - 1$, le vecteur de B^s dont la suite des composantes $s_1 \ldots s_{n-r}$ représente le nombre j en base 2. Ainsi :

$$S_0 = (0, \cdots, 0, 0, 0), \ S_1 = (0, \cdots, 0, 0, 1), \ S_2 = (0, \cdots, 0, 1, 0), \ \text{etc.}$$

On notera classe j l'ensemble des vecteurs de B^n ayant le même syndrome S_j.

Chaque vecteur de B^n est rangé dans la classe qui convient d'après son syndrome. On remarque que, d'après (2), il suffit de connaître un élément d'une classe pour obtenir tous ceux de la même classe en lui ajoutant simplement les vecteurs du code.

Remarque

Un code admet en général plusieurs fonctions syndrome mais chacune d'elles induit la même partition de B^n en classes de vecteurs ayant le même syndrome, seuls la valeur du syndrome et donc le numéro de la classe peuvent varier, excepté cependant pour S_0, syndrome des mots de code puisque le noyau de toute fonction syndrome constitue le code.

Algorithme de correction

Soit S une fonction syndrome du code et C une de ses matrices associées.

1. À l'arrivée du message m, son syndrome $S(m)$ est calculé par Cm, ce qui permet de connaître la classe de m.

2. Dans cette classe, un vecteur de poids minimum (il peut y en avoir plusieurs) est pris comme vecteur de correction ε.

3. Le message est alors corrigé en : $(m + \varepsilon)$.

Si $S(m) = 0$, m est un mot du code et on est amené à *accepter* le message reçu comme exact, cela revient d'ailleurs à ajouter à m le vecteur de correction nul, de poids évidemment minimum dans la classe 0.

Exemple 1

Soit le code linéaire $\mathscr{C}\ell_{4,2}$ de matrice génératrice :

$$G = \begin{pmatrix} 1 & 0 \\ 0 & 1 \\ 1 & 1 \\ 0 & 1 \end{pmatrix}.$$

La fonction de codage fait correspondre à chaque vecteur de B^2 un vecteur de B^4. Il y a $2^4 = 16$ messages possibles qui se répartissent en $2^{n-r} = 2^2$ classes suivant les syndromes :

$$S_0 = (0,0), \quad S_1 = (0,1), \quad S_2 = (1,0), \quad S_3 = (1,1).$$

• Classe 0

Elle est composée des mots du code :

- $(0,0,0,0)$, le vecteur nul ;
- $(1,0,1,0)$ et $(0,1,1,1)$ les mots codant la base canonique de B^2 et qui forment les colonnes de G ;
- $(1,1,0,1)$, le mot de code associé à $i = (1,1)$, calculé par Gi.

La matrice G est de forme normalisée et correspond donc à un code systématique, d'où la matrice de contrôle déduite de G :

$$C_{4,2} = \begin{pmatrix} 1 & 1 & 1 & 0 \\ 0 & 1 & 0 & 1 \end{pmatrix}.$$

Répartissons les 12 autres messages suivant leur syndrome en utilisant $C_{4,2}$.

• Classe 1

Soit $m = (0,0,0,1)$, il n'appartient pas au code, calculons son syndrome :

$$\begin{pmatrix} 1 & 1 & 1 & 0 \\ 0 & 1 & 0 & 1 \end{pmatrix} \begin{pmatrix} 0 \\ 0 \\ 0 \\ 1 \end{pmatrix} = \begin{pmatrix} 0 \\ 1 \end{pmatrix} \quad \text{d'où} \quad S(m) = S_1.$$

Les vecteurs de même syndrome et appartenant donc à la classe 1 sont :

$$\begin{aligned} m + c_2 &= (0,0,0,1) + (1,0,1,0) = (1,0,1,1) \\ m + c_3 &= (0,0,0,1) + (0,1,1,1) = (0,1,1,0) \\ m + c_4 &= (0,0,0,1) + (1,1,0,1) = (1,1,0,0). \end{aligned}$$

- Classe 2

De même, considérons le vecteur $m = (0,0,1,0)$ qui n'est pas encore placé, il est de syndrome :

$$S(m) = C_{4,2}\, m = S_2,$$

il appartient à la classe 2 ainsi que les vecteurs

$$\begin{aligned} m + c_2 &= (0,0,1,0) + (1,0,1,0) = (1,0,0,0) \\ m + c_3 &= (0,0,1,0) + (0,1,1,1) = (0,1,0,1) \\ m + c_4 &= (0,0,1,0) + (1,1,0,1) = (1,1,1,1). \end{aligned}$$

- Classe 3

Les quatre derniers vecteurs sont de syndrome $S_3 = (1,1)$ et forment la classe 3.

D'où le tableau standard suivant :

syndromes	$S_0 = (0,0)$	$S_1 = (0,1)$	$S_2 = (1,0)$	$S_3 = (1,1)$
	(0,0,0,0)	(0,0,0,1)	(0,0,1,0)	(0,1,0,0)
	(1,0,1,0)	(1,0,1,1)	(1,0,0,0)	(1,1,1,0)
	(0,1,1,1)	(0,1,1,0)	(0,1,0,1)	(0,0,1,1)
	(1,1,0,1)	(1,1,0,0)	(1,1,1,1)	(1,0,0,1)
classes	0	1	2	3

Pour les vecteurs de correction on choisira :

- dans la classe 1,
  l'unique vecteur de poids minimum (poids 1) : $\varepsilon_1 = (0,0,0,1)$;
- dans la classe 2,
  un des 2 vecteurs de poids minimum (poids 1), par exemple : $\varepsilon_2 = (0,0,1,0)$;
- dans la classe 3,
  le seul vecteur de poids minimum (poids 1) : $\varepsilon_3 = (0,1,0,0)$.

La correction automatique remplace chaque message m par :

$$m + \varepsilon_k \quad \text{si } m \text{ est de classe } k.$$

Ainsi pour $m = (0,0,0,1)$ par exemple,

$$S(m) = S_1, \text{ donc } \varepsilon_1 = (0,0,0,1)$$

la correction donne le mot de code :

$$m + \varepsilon_1 = (0,0,0,0).$$

Correction automatique 45

On obtient le schéma de correction suivant :

$$
\begin{array}{rcl}
(0,0,0,0) &\longrightarrow& (0,0,0,0) \\
(0,0,0,1)+(0,0,0,1) &=& (0,0,0,0) \\
(0,0,1,0)+(0,0,1,0) &=& (0,0,0,0) \\
(0,0,1,1)+(0,1,0,0) &=& (0,1,1,1) \\
(0,1,0,0)+(0,1,0,0) &=& (0,0,0,0) \\
(0,1,0,1)+(0,0,1,0) &=& (0,1,1,1) \\
(0,1,1,0)+(0,0,0,1) &=& (0,1,1,1) \\
(0,1,1,1) &\longrightarrow& (0,1,1,1)
\end{array}
\quad\bigg|\quad
\begin{array}{rcl}
(1,0,0,0)+(0,0,1,0) &=& (1,0,1,0) \\
(1,0,0,1)+(0,1,0,0) &=& (1,1,0,1) \\
(1,0,1,0) &\longrightarrow& (1,0,1,0) \\
(1,0,1,1)+(0,0,0,1) &=& (1,0,1,0) \\
(1,1,0,0)+(0,0,0,1) &=& (1,1,0,1) \\
(1,1,0,1) &\longrightarrow& (1,1,0,1) \\
(1,1,1,0)+(0,1,0,0) &=& (1,0,1,0) \\
(1,1,1,1)+(0,0,1,0) &=& (1,1,0,1).
\end{array}
$$

Remarque

Le choix de $\varepsilon_2 = (1,0,0,0)$ dans la classe 2 fournit un autre schéma de correction.

2.3 Tableau standard réduit

Lorsque le code est de grande dimension, la construction de la table de correction peut être longue à effectuer et prendre beaucoup de place en mémoire. Le repérage du message reçu m dans un grand tableau peut également être assez long.
Une simplification consiste à ne faire figurer dans chaque classe que le (ou un des) vecteur(s) de poids minimum, c'est-à-dire le vecteur de correction ε choisi, qui est alors considéré comme le représentant de la classe on obtient un *tableau standard réduit*.

Exemple 2

Le tableau standard précédent peut se mettre sous la forme réduite suivante :

syndromes	$S_0 = (0,0)$	$S_1 = (0,1)$	$S_2 = (1,0)$	$S_3 = (1,1)$
ε	(0,0,0,0)	(0,0,0,1)	(0,0,1,0)	(0,1,0,0)
classes	0	1	2	3

Dès que l'on connait $S(m)$ on lit, en dessous de sa valeur, le vecteur ε qui donnera le message transformé : $m + \varepsilon$.

Formation pratique du tableau réduit

Le tableau s'établit sans avoir à calculer le syndrome de chaque vecteur.

1. La liste des syndromes est placée sur la première ligne, ce qui détermine les classes ;
2. le représentant de la classe 0, correspondant au syndrome nul, est le vecteur 0 de B^n ; il est placé sur la deuxième ligne, en dessous de son syndrome ;

3. chaque vecteur de poids 1 de B^n est rangé en dessous de son syndrome, si la place n'est pas déjà occupée (ce qui exclut les ex aequo) ;

4. si la deuxième ligne n'est pas complète, le même procédé est appliqué aux vecteurs de poids deux, puis si nécessaire aux vecteurs de poids trois, et ainsi de suite jusqu'à la remplir ;

5. la dernière ligne indique les classes, elle peut être omise puisque le rang d'une classe est égal à l'indice du syndrome S_j correspondant.

Remarque

L'ordre suivant lequel les vecteurs de même poids sont traités est quelconque, il peut donc y avoir différents tableaux réduits et donc plusieurs possibilités de transformation par la correction automatique.

3 Efficacité de la correction

Lorsque m est transformé en $m + \varepsilon$ avec ε de poids minimum, il est remplacé par un mot de code dont il est *le plus proche possible*. Nous allons expliciter cette notion de proximité.

3.1 Notion de distance entre vecteurs

R.W. Hamming introduit une "distance" entre vecteurs qui porte son nom et se formalise de deux façons.

DÉFINITION

La distance de Hamming, (ou simplement distance), entre deux vecteurs a et b, du même espace vectoriel sur B, est de manière équivalente :
- *le nombre de rangs où les composantes des deux vecteurs sont différentes ;*
- *le poids du vecteur somme $(a+b)$.*

Cette distance est notée $d(a,b)$.

a) L'équivalence entre les deux définitions provient de ce que :
$$a_j + b_j \neq 0 \iff a_j \neq b_j,$$
donc $d(a,b)$ est le nombre de composantes non nulles dans $(a+b)$, c'est-à-dire le poids du vecteur $(a+b)$.

Ainsi un vecteur a est plus proche du vecteur b que du vecteur c si :
$$d(a,b) < d(a,c) \quad \text{ou} \quad w(a+b) < w(a+c).$$

b) On vérifie aisément les propriétés d'une distance :
$$\forall\, a,b,c \in \mathcal{C}: \quad \begin{aligned} d(a,b) &\geq 0 \\ d(a,b) &= d(b,a) \\ d(a,b) &= 0 \iff a=b \\ d(a,b) + d(b,c) &\geq d(a,c) \quad \text{(propriété du triangle)}. \end{aligned}$$

On en déduit, pour l'ensemble des mots d'un code, une *distance minimale*.

DÉFINITION

La distance minimale d d'un code $\mathscr{C}$ est, de manière équivalente :
- *la plus petite distance entre deux mots distincts du code,*
- *le plus faible poids des mots non nuls du code.*

L'équivalence est une conséquence de la structure d'espace vectoriel du code :
- si a et b sont des mots de code, $(a+b)$ est un vecteur c du code et il est non nul si et seulement si $a \neq b$;
- inversement tout vecteur c non nul d'un code linéaire peut se mettre sous la forme : $(a+b)$ avec a et b vecteurs de code et a différent de b.

C'est pourquoi on parle de distance minimale ou de *poids minimum* du code.

Remarquons que d'après la définition, la distance minimale ne peut être nulle, elle est comprise entre 1 et n.

3.2 Evaluation de la distance minimale d'un code

Si le nombre de mots d'un code est élevé, il n'est pas très aisé de déterminer sa distance minimale. Mais nous avons facilement quelques renseignements qui permettent de la borner.

a) Majoration de d

Une majoration simple de la distance minimale d'un code est fournie par la *borne de Singleton* définie dans la proposition suivante :

PROPOSITION 2

Dans un code $\mathscr{C}\ell_{n,r}$ la distance minimale d est inférieure ou égale à $(n-r+1)$.

En effet, soit $\mathscr{C}$ un code $\mathscr{C}\ell_{n,r}$, posons $r' = (n-r+1)$ et considérons $B^{r'}$, sous-espace vectoriel de B^n. Chaque élément v de $B^{r'}$, peut être identifié à un vecteur de B^n dont les $(n-r') = (r-1)$ premières composantes sont nulles :

$$v = (0, 0, \ldots, 0, v_1, v_2, \ldots, v_{r'}).$$

$\mathscr{C}$ et $B^{r'}$ sont deux sous-espaces de B^n, ils ont donc le vecteur nul en commun.

— S'ils n'avaient que celui-ci la somme de leur dimension satisferait : $r' + r \leq n$; en effet soit (e_j) une base de $\mathscr{C}$ et (ε_k) une base de $B^{r'}$, et soit une combinaison linéaire nulle des e_j et ε_k :

$$\sum \lambda_j e_j + \sum \mu_k \varepsilon_k = 0 \quad \text{ou} \quad \sum \lambda_j e_j = \sum \mu_k \varepsilon_k.$$

Si $\mathscr{C} \cap B^{r'} = \{0\}$, alors $\quad \sum \lambda_j e_j = \sum \mu_k \varepsilon_k = 0$

d'où $\quad \forall j \ : \ \lambda_j = 0 \quad \text{et} \quad \forall k \ : \ \mu_k = 0.$

$\{(e_j)\} \cup \{(\varepsilon_k)\}$ est donc un ensemble libre dans B^n, d'où $r' + r \leq n$.

— Or la somme des dimensions des deux sous-espaces vaut :

$$r + r' = r + (n - r + 1) = n + 1 > n.$$

Il existe donc un vecteur *non nul* de $\mathcal{C}$ appartenant à $B^{r'}$, soit c, dont le poids est au plus r'. On en déduit que la distance minimale du code est inférieure ou égale à $r' = (n - r + 1)$. □

b) Minoration de d

L'observation d'une matrice de contrôle permet facilement de donner une borne inférieure de la distance minimale, comme le montre le très important théorème suivant.

THÉORÈME 1

La distance minimale d'un code est supérieure ou égale à $(w+1)$ si et seulement si tout ensemble de w vecteurs-colonne d'une matrice de contrôle est libre.

DÉMONSTRATION

Remarquons tout d'abord que :

— si c est un mot de code non nul de poids w dont les composantes non nulles occupent les positions $j_1, \ldots, j_w$:

$$\begin{aligned} S(c) &= C\,c \\ &= 0 = C_{j_1} + \cdots + C_{j_w}, \end{aligned}$$

cela signifie qu'il existe w colonnes non nulles de la matrice C linéairement liées ;

— s'il existe w colonnes $C_{j_1}, \ldots C_{j_w}$ non nulles de la matrice C liées par la relation :

$$C_{j_1} + \cdots + C_{j_w} = 0 \qquad (3)$$

il existe un message de poids w dont le syndrome est nul, il s'agit donc d'un mot de code de poids w.

a) Supposons maintenant que tous les ensembles de w colonnes soient libres.

Le vecteur 0 n'appartient donc à aucun d'eux. Il n'existe aucune relation de la forme (3), donc pas de mot de code de poids w. Or si un ensemble de vecteurs est libre, tous ses sous-ensembles le sont également, il n'existe donc pas non plus de mot de code non nul de poids inférieur à w c'est-à-dire puisque d est un entier :

$$d \geq w + 1.$$

b) Réciproquement, soit $d \geq w + 1$.

Aucun mot non nul du code n'est de poids w, il n'existe donc pas de relation (3), tous les ensembles de w colonnes de C sont alors libres. □

Exemple 3

Reprenons le code $\mathcal{C}\ell_{5,3}$ des exemples II 1 et II 2 et considérons une de ses matrices de contrôle, par exemple :

$$C_{2,5} = \begin{pmatrix} 1 & 1 & 0 & 1 & 0 \\ 1 & 0 & 1 & 0 & 1 \end{pmatrix}.$$

Tout vecteur non nul est un vecteur libre, tout ensemble de 1 vecteur-colonne de la matrice C est donc libre, d'où : $d \geq 2$.

Par contre, il existe des ensembles liés de deux colonnes, par exemple $\{C_2, C_4\}$, donc il existe des mots de code de poids 2, en conséquence $d = 2$.

Remarque

La distance minimale d d'un code est une donnée importante ; comme nous allons le voir, sa valeur renseigne sur :
- la capacité du code à détecter les messages erronés ;
- sa capacité à les corriger.

Un code possède en fait trois caractéristiques, à sa longueur et sa dimension il faut adjoindre sa distance minimale. Lorsque cette dernière est connue on l'indique souvent en notant le code : $\mathcal{C}_{n,r,d}$.

3.3 Capacité de détection d'un code

Nous savons (Proposition II 3) qu'un message erroné n'est détectable que si le vecteur d'erreur n'est pas un mot du code, ce qui permet d'établir la proposition suivante.

PROPOSITION 3

Un code linéaire de distance minimale d détecte tous les messages erronés ayant au plus $(d-1)$ erreurs.

En effet, soit un message $m = c + e$; le nombre d'erreurs de transmission est égal au poids du vecteur d'erreur e, d'où :

$$e = m + c \Longrightarrow \begin{aligned} w(e) &= w(m+c) \\ &= d(m,c). \end{aligned}$$

On peut donc affirmer que :
- si $w(e) < d$, le vecteur d'erreur e n'appartient pas au code : le message erroné est reconnu ;
- si $w(e) \geq d$, il peut se faire que e soit un mot de code, le message peut ne pas être reconnu comme erroné.

□

Nous appellerons $\theta = (d-1)$ la *capacité de détection* du code.

3.4 Fiabilité de la correction automatique

La correction automatique consistant à remplacer le message erroné m par un des mots de code dont il est le plus proche, il y a donc deux risques d'inexactitude dans cette démarche :

- le mot de code émis peut ne pas être le mot de code le plus proche de m (bien que cette éventualité soit de plus faible probabilité),
- plusieurs mots de code se trouvent à égale distance minimale de m et celui qui est choisi peut ne pas être le mot de code émis.

Nous dirons que la correction d'un message m est *fiable* si m est remplacé, à coup sûr, par le mot de code émis c.

Le théorème suivant permet d'apprécier la qualité de la correction d'un message.

THÉORÈME 2

Pour un code de distance minimale d, la correction automatique est fiable pour et seulement pour les erreurs de poids strictement inférieur à $d/2$.

DÉMONSTRATION

Imaginons autour de chaque mot de code c, une "boule" de centre c, de rayon $d/2$, notée : $b(c, d/2)$. Deux boules de centres c_1 et c_2 sont :

- soit disjointes, si $d(c_1, c_2) > d$ (voir figure 1),

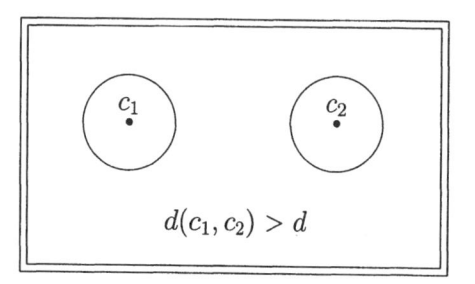

figure 1

- soit considérées comme tangentes, si $d(c_1, c_2) = d$ (voir figure 2).

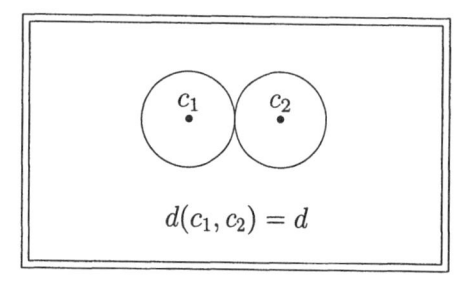

figure 2

a) Toute erreur de poids strictement inférieur à $d/2$ est, à coup sûr, corrigée exactement.

En effet, si l'erreur est de poids E, le message est à la distance E du mot de code c dont il provient. Puisque $E < d/2$, m se trouve à l'intérieur de la boule $b(c, d/2)$ (voir figure 3).

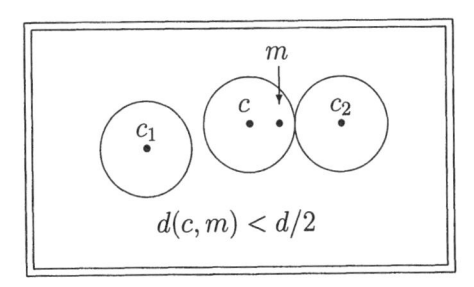

figure 3

L'unique mot de code à distance minimale de m est précisément c, la correction est donc exacte.

b) Les erreurs dont le poids est supérieur ou égal à $d/2$ peuvent être mal corrigées.

En effet, dans ce cas le message m se trouve à une distance de c supérieure ou égale à $d/2$; deux cas d'erreurs peuvent alors se produire :

- s'il existe c_1 plus proche de m que ne l'est c, le message m est corrigé par c_1 (voir figure 4 et figure 5).

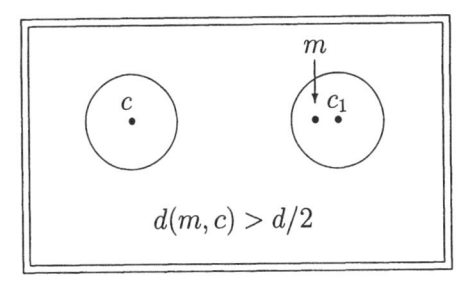

figure 4

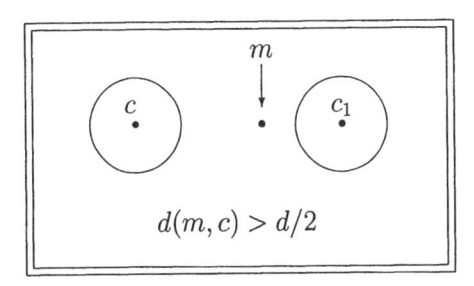

figure 5

— s'il existe c_1 à même distance de m que c, le message *peut* être corrigé par c_1 (voir figure 6).

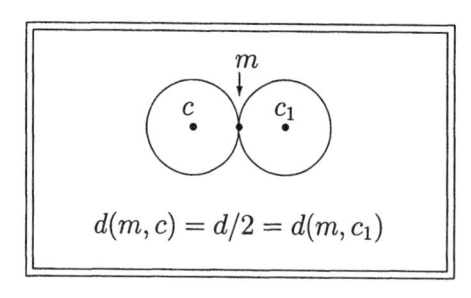

$$d(m,c) = d/2 = d(m,c_1)$$

figure 6

Dans les deux cas le message risque d'être mal corrigé. □

Remarque

La correction que nous avons appelée automatique est en fait une *transformation* du message reçu, permettant seulement de *diminuer* le nombre de messages perturbés par des erreurs de transmission.

3.5 Capacité de correction d'un code

On peut affiner le théorème précédent en remarquant que le nombre d'erreurs d'un message est un nombre entier. Notons $[x]$ la partie entière du nombre réel x, c'est-à-dire le plus grand entier inférieur ou égal à x, on obtient alors le théorème qui suit.

Théorème 3

Pour un code de distance minimale d, la correction automatique est fiable, pour et seulement pour, les erreurs de poids inférieur ou égal à $t = [\dfrac{d-1}{2}]$.

t est appelé : *capacité de correction* du code et le code est dit : *t-correcteur*.

Démonstration

D'après le théorème 2 la correction est fiable pour toutes les erreurs de poids inférieur à $d/2$. Soit t le plus grand entier strictement inférieur à $d/2$. Puisque d est aussi un nombre entier on a :

a) si d est impair, $d = 2p+1$ ou $\dfrac{d}{2} = p + \dfrac{1}{2}$,

le plus grand entier strictement inférieur à $d/2$ est p, d'où :

$$t = p = \dfrac{d-1}{2} = \left[\dfrac{d-1}{2}\right] ;$$

b) si d est pair, $d = 2p$ ou $\dfrac{d}{2} = p$,

le plus grand entier strictement inférieur à $d/2$ est $(p-1)$ d'où :

$$t = p - 1 = \left[p - \frac{1}{2}\right] = \left[\frac{d-1}{2}\right].$$

□

Remarque

Puisque $1 \leq d \leq n$, on a : $0 \leq t \leq \left[\dfrac{n-1}{2}\right]$, ce qui précise notamment la limite supérieure de capacité que peut atteindre la correction (environ la moitié des composantes des messages).

Exemple 4

Examinons quelques cas simples.

• Soit un code de parité paire $\mathscr{C}_{n,r}$, il est linéaire (exercice 1 du chapitre II). Il ne possède pas de mot de poids 1, tous les mots de code étant de poids pair. Il s'agit d'un code systématique dont le poids minimum est 2, en effet $(0, \ldots, 0, 0, 1)$ est codé $(0, \ldots, 0, 1, 1)$, c'est donc un code $\mathscr{C}\ell_{n,r,2}$, d'où :

$\theta = 2 - 1 = 1,$ les erreurs de poids 1 sont détectées ;
(l'étude faite au chapitre I montre que toutes les erreurs de poids impair le sont)
$t = \left[\dfrac{2-1}{2}\right] = 0,$ mais elles ne sont pas corrigées (à coup sûr).

• Considérons le code $\mathcal{C}_{5,1}$ qui code 0 en $(0,0,0,0,0)$ et 1 en $(1,1,1,1,1)$, appelé *code de répétition pure*. Il est évident que d vaut 5, d'où :

$\theta = 5 - 1 = 4,$ les messages ayant jusqu'à 4 erreurs sont détectés ;
$t = \left[\dfrac{5-1}{2}\right] = 2,$ les messages d'au plus 2 erreurs sont corrigés fiablement.

Nous pouvons à présent évaluer l'exactitude des messages avant remise des informations au destinataire.

3.6 Probabilité d'exactitude après décodage

Soit p la probabilité d'erreur sur un bit et t la capacité de correction du code. Tous les messages ayant jusqu'à t erreurs sont corrigés exactement, à coup sûr et certains messages ayant plus de t erreurs peuvent être corrigés exactement. La probabilité d'exactitude après décodage p_{exa}, est telle que :

$$p_{exa} \geq \Pr(X = 0) + \Pr(X = 1) + \cdots + \Pr(X = t)$$

c'est-à-dire, si les erreurs sont indépendantes :

$$p_{exa} \geq \sum_{k=0}^{t} \mathrm{C}_n^k p^k q^{n-k}.$$

On peut également s'intéresser à p_{res} la *probabilité d'erreur résiduelle* :

$$p_{res} = 1 - p_{exa} \leq \sum_{k=t+1}^{n} C_n^k p^k q^{n-k}.$$

Code parfait

Si dans un code de capacité de correction t, tout message ayant plus de t erreurs est, à coup sûr, *incorrectement* transformé par la correction, le code est appelé *code parfait*.

Attention :
dire qu'un code est parfait ne signifie pas que tous les messages erronés sont corrigés exactement, à coup sûr, ils sont simplement :

— soit exactement corrigés s'ils ont au plus t erreurs,
— soit incorrectement transformés s'ils en ont davantage.

Pour un code parfait la probabilité d'exactitude d'un message après décodage est donc :

$$p_{exa} = \sum_{k=0}^{t} \Pr(X = k) = \sum_{k=0}^{t} C_n^k p^k q^{n-k}.$$

et la probabilité d'erreur résiduelle :

$$p_{res} = 1 - p_{exa} = \sum_{k=t+1}^{n} C_n^k p^k q^{n-k}.$$

Exemple 5

Le code $\mathcal{C}_{5,1}$ de répétition pure est parfait. En effet, ce code de capacité de correction $t = 2$ ne possède que 2 mots (0,0,0,0,0) et (1,1,1,1,1),

— si un message m provenant de l'un des deux mots c_1 du code a une erreur de poids $k \leq 2$, il est corrigé ;
— si m a une erreur de poids $k > 2$, c'est-à-dire si $d(c_1, m) > 2$, le mot de code le plus proche de m est l'autre mot c_2 du code avec $d(c_2, m) \leq 2$, m sera donc remplacé par un mot qui n'est pas le mot émis.

Pour ce code la correction ne nécessite pas de tableau standard, le nombre de chiffres 1 dans le message reçu indique le mot de code le plus proche par lequel il sera remplacé. On dit que la correction se fait par *décision majoritaire*.

4 Codes de Hamming

La capacité de correction croît avec la distance minimale du code. Or pour que cette distance soit grande il est nécessaire que la longueur n des mots de code le soit suffisamment. Cependant si la redondance $s = (n - r)$ augmente, le rendement $\frac{r}{n}$ du code diminue, d'autre part dans la construction du code on est limité par la condition $np < 1$ du premier paragraphe.

Il est donc important d'inventer des codes :
- assurant une certaine capacité de correction,
- sans trop augmenter la redondance,
- tout en maintenant un bon rendement.

R.W.Hamming, dont nous avons déjà mentionné le nom à propos de la distance entre vecteurs, construit en 1948 une catégorie de codes auxquels on a donné son nom, qui répondent à ces objectifs.

4.1 Description

Nous dirons qu'un *code corrige* une erreur de poids k lorsque la *correction est fiable*.

DÉFINITION

Un code de Hamming est un code linéaire
- *corrigeant toutes les erreurs de poids 1,*
- *en étant de rendement maximum pour une redondance fixée.*

Codes corrigeant les erreurs de poids 1

Ils sont de capacité de correction : $t \geq 1$ et vérifient le théorème suivant.

THÉORÈME 4

Un code $\mathcal{C}\ell_{n,r}$ est au moins 1-correcteur si et seulement si il admet comme matrice de contrôle une matrice dont toutes les colonnes sont distinctes et non nulles.

En effet, dire que toutes les colonnes de la matrice de contrôle C sont distinctes et non nulles c'est dire que tout ensemble de deux vecteurs-colonne est libre, ce qui est équivalent à :
- $d \geq 3$, d'après le théorème 1 ;
- $t \geq 1$, puisque d'après le théorème 3, $t = [\frac{d-1}{2}] \geq 1$.

$\square$

Rendement des codes

Dans tout code $\mathcal{C}\ell_{n,r}$, les colonnes d'une matrice C de contrôle sont des vecteurs de B^s ; il y a 2^s vecteurs dans B^s.

Si le code est de capacité de correction $t \geq 1$, les n colonnes de C étant non nulles et toutes distinctes, on a :
$$n \leq 2^s - 1$$

or :
$$\rho = \frac{r}{n} = \frac{n-s}{n} = 1 - \frac{s}{n}.$$

Pour une redondance s fixée, ρ est maximum si $\frac{s}{n}$ est minimum, c'est-à-dire si n est maximum, ce qui implique :

$$n = 2^s - 1. \tag{4}$$

C a donc pour colonnes tous les vecteurs de B^s à l'exception du vecteur nul.

Il est immédiat de construire une telle matrice C dont on déduit le code ayant C comme matrice de contrôle.

Matrice de contrôle caractéristique

La propriété suivante caractérise les codes de Hamming.

PROPOSITION 4

> Un matrice de contrôle dont les vecteurs-colonne sont tous les vecteurs de B^s, à l'exception du vecteur nul, caractérise un code de Hamming.

Les codes de Hamming seront notés $\mathcal{H}_s$ ou plus explicitement $\mathcal{H}_{2^s-1,\ 2^s-1-s}$.

Exemples de codes de Hamming

La valeur de s est au moins 2, en effet si $s = 1$, $n = (2^s - 1)$ vaut 1 et $r = (n-s)$ est nul, ce qui n'a pas de sens. Le tableau suivant précise la longueur et la dimension des codes de Hamming pour s variant de 2 à 7 ainsi que leur rendement ρ.

	$s :$	2	3	4	5	6	7
$n =$	$2^s - 1 :$	3	7	15	31	63	127
$r =$	$n - s :$	1	4	11	26	57	120
codes :		$\mathcal{H}_{3,1}$	$\mathcal{H}_{7,4}$	$\mathcal{H}_{15,11}$	$\mathcal{H}_{31,26}$	$\mathcal{H}_{63,57}$	$\mathcal{H}_{127,120}$
rendement :		0,33	0,57	0,73	0,83	0,90	0,94

Une matrice dont les colonnes sont les éléments non nuls de B^2 est une matrice de contrôle d'un code $\mathcal{H}_{3,1}$. Le code est l'ensemble des vecteurs $c = (c_1, c_2, c_3)$ tels que :

$$\begin{pmatrix} 0 & 1 & 1 \\ 1 & 0 & 1 \end{pmatrix} \begin{pmatrix} c_1 \\ c_2 \\ c_3 \end{pmatrix} = \begin{pmatrix} 0 \\ 0 \end{pmatrix}$$

c'est-à-dire

$$\mathcal{H}_{3,1} = \{(0,0,0), (1,1,1)\}.$$

4.2 Propriétés

Les codes de Hamming ont les propriétés remarquables suivantes.

PROPOSITION 5

> Un code de Hamming est :
> a) de distance minimale $d = 3$,
> b) de capacité de correction $t=1$,
> c) parfait.

DÉMONSTRATION

a) Nous savons déjà que $d \geq 3$, puisque $t \geq 1$. D'autre part tous les vecteurs non nuls de B^s formant les colonnes de C, la somme de deux vecteurs-colonne distincts de C est un vecteur de B^s donc une colonne de C. Il existe donc des ensembles de 3 colonnes linéairement liées, c'est-à-dire telles que :

$$C_i + C_j + C_k = 0,$$

donc des mots de code de poids 3, d'où $d = 3$.

b) La capacité de correction du code vaut alors :

$$t = \left[\frac{d-1}{2}\right] = \left[\frac{3-1}{2}\right] = 1.$$

c) Tout message erroné se trouve à la distance 1 d'un mot de code.
En effet, soit $b(c, d/2)$ les boules ayant pour centre un mot du code et un rayon égal à $d/2$. Chaque boule contient tous les messages à la distance 1 de son centre, soit $C_n^1 = n$ tels messages et l'ensemble des 2^r boules en contient :

$$M_1 = n2^r = (2^s - 1)2^r.$$

Or le nombre total de messages erronés est également :

$$M = 2^n - 2^r = 2^r(2^{n-r} - 1).$$

— Si m a une erreur de poids 1, il se trouve dans la boule $b(c, 3/2)$, à la distance 1 de c ; il est est à coup sûr corrigé exactement   (voir figure 7).

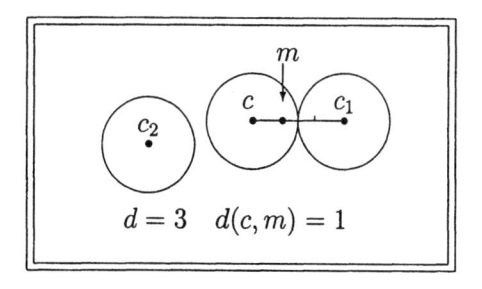

figure 7

— Si m a une erreur de poids supérieur à 1, il est à coup sûr inexactement corrigé. En effet dans ce cas m se trouve dans une boule $b(c_1, 3/2)$, à une distance 1 d'un mot de code c_1. Il sera alors corrigé par c_1 qui n'est par le mot de code émis   (voir figure 8 et figure 9).

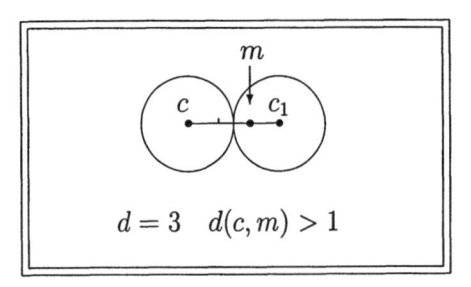

figure 8

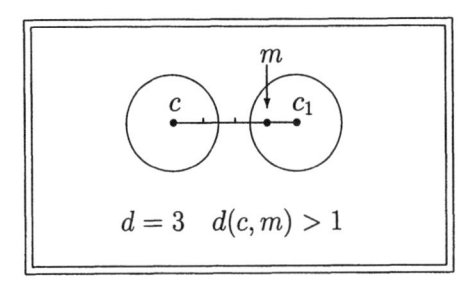

figure 9

En conséquence un code de Hamming est parfait. □

Remarque

Pour un code de Hamming, une permutation des colonnes de sa matrice de contrôle caractéristique peut donner un code différent, (ce n'est pas le cas de $\mathcal{H}_{3,1}$), mais qui est par définition, encore de Hamming. Les codes ont la même longueur, la même dimension et la même capacité de correction puisque leur distance minimale est 3 ; de tels codes sont dits *équivalents* ou *isomorphes* (de même forme).

4.3 Correction des messages

Pour les codes de Hamming la correction est excessivement simple.

Tous les vecteurs de B^n de poids 1 ont des syndromes différents puisque ce sont les colonnes de la matrice de contrôle, toutes distinctes.

Chaque classe de syndrome possédant un et un seul vecteur de poids 1, il n'y a pas d'ambigüité pour le choix du représentant de la classe et le message est corrigé *comme s'il avait une erreur de poids 1*. La méthode décrite au début du chapitre peut alors s'appliquer et il n'est pas nécessaire de dresser le tableau standard.

— Si le message a effectivement un seul bit erroné il est corrigé,
— sinon il est transformé en un mot de code qui n'est pas le mot émis.

Exemple 6

Soit un code $\mathcal{H}_{7,4}$ de matrice de contrôle :

$$C = \begin{pmatrix} 0 & 0 & 0 & 1 & 1 & 1 & 1 \\ 0 & 1 & 1 & 0 & 0 & 1 & 1 \\ 1 & 0 & 1 & 0 & 1 & 0 & 1 \end{pmatrix}.$$

Le message $m = (1, 0, 1, 0, 1, 0, 1)$ a pour syndrome

$$S(m) = C\,m = (1, 0, 0),$$

il est donc reconnu comme erroné.

Or $(1,0,0)$ est la colonne 4, syndrome de $e = (0, 0, 0, 1, 0, 0, 0)$, le message m est donc remplacé par

$$m + e = (1, 0, 1, 1, 1, 0, 1).$$

En conséquence :
- si m a effectivement une erreur de poids 1, celle-ci est située sur la $4^{\text{ème}}$ composante et le message est corrigé ;
- si m a une erreur de poids supérieur à 1, le vecteur de code (1,0,1,1,1,0,1), obtenu après décodage, n'est pas le mot émis.

4.4 Probabilité d'exactitude du message décodé

Puisque le code est parfait seuls sont exacts avant restitution de l'information :
- les messages transmis sans erreur
- et les messages n'ayant qu'une erreur.

Si la probabilité d'erreur par bit est p et donc la probabilité de transmission correcte $q = (1-p)$, la probabilité d'exactitude après décodage sera :

$$\begin{aligned} p_{exa} &= \Pr(X = 0) + \Pr(X = 1) \\ &= q^n + npq^{n-1} = q^{n-1}(q + np). \end{aligned}$$

Exemple 7

Soit un code $\mathcal{H}_{31,26}$; pour que la relation $np < 1$ soit vérifiée il faut choisir $p < 1/31$, prenons $p = 0,01$, alors

$$p_{exa} = \left(\frac{99}{100}\right)^{30}\left(\frac{99}{100} + \frac{31}{100}\right) \simeq 0,96.$$

C'est-à-dire que pour un rendement

$$\rho = \frac{26}{31} = 0,83$$

environ 96% des messages sont exacts après le décodage.

S'il n'y avait pas de correction, la probabilité d'exactitude serait :

$$\begin{aligned}\Pr(X=0) &= q^n \\ &= q^7 = \left(\frac{99}{100}\right)^{31} \simeq 0,73\end{aligned}$$

donc environ 73% seulement des messages seraient exacts.

Conclusion

Si $np < 1$ les erreurs de poids faibles sont les plus fréquentes. En conséquence le mot de code émis *le plus probable* est *l'un des plus proches* du message reçu.

La méthode de correction par syndromes met en œuvre ce principe en ajoutant au message reçu un des vecteurs d'erreur de poids minimum ayant même syndrome que le message.

La notion de distance entre mots du code est fondamentale, la distance minimale d caractérise la puissance de correction du code, celle-ci reste cependant limitée, quel que soit le code, à la moitié des symboles d'un message.

Un code corrige (correctement, à coup sûr) toutes les erreurs de poids k inférieur ou égal à $t = [\frac{d-1}{2}]$ et avec doute les autres.

Les codes parfaits lèvent la dernière indétermination puisque toutes les erreurs de poids supérieur à t sont mal corrigées.

Les codes de Hamming $\mathcal{H}(s)$, de redondance s, sont des codes linéaires de type

$$\mathcal{C}\ell_{2^s-1,\ 2^s-1-s,\ 3}.$$

Ils présentent l'avantage de fournir une caractérisation simple de codes dont la capacité de correction est 1, ce qui est très intéressant puisque, avec $np \leq 1$, en moyenne plus de la moitié des erreurs sont de poids 1. Ce sont des codes parfaits qui optimisent le rendement des codes 1-correcteurs de même redondance.

Des codes plus sophistiqués, que nous étudierons aux chapitres suivants corrigent des messages ayant plus d'une erreur.

Exercices

Exercice 1

Soit le code linéaire $\mathcal{C}\ell_{3,2}$ de matrice génératrice :

$$G = \begin{pmatrix} 1 & 0 \\ 0 & 1 \\ 1 & 0 \end{pmatrix}.$$

1) Construire le tableau standard des syndromes des vecteurs de B^3.

2) Donner les transformés de tous les messages reçus possibles dans la correction automatique par syndromes.

3) Cette transformation est-t-elle unique ?

---

1) Le codage défini par la matrice G fait correspondre à tout vecteur de B^2 un vecteur de B^3, on obtient :

$$\underbrace{\begin{array}{c}(0,0)\\(0,1)\\(1,0)\\(1,1)\end{array}}_{B^2} \quad \begin{array}{c}\longrightarrow\\\longrightarrow\\\longrightarrow\\\longrightarrow\end{array} \quad \underbrace{\begin{array}{c}(0,0,0)\\(0,1,0)\\(1,0,1)\\(1,1,1).\end{array}}_{\text{Code}}$$

Les syndromes des messages étant les éléments de B^s, avec $s = n - r = 1$, sont donc au nombre de 2, soit : $S_0 = 0$ et $S_1 = 1$.
Les quatre mots du code sont de syndrome nul et forment la classe 0.
Les quatre autres vecteurs de B^3 sont donc de syndrome 1 et forment la classe 1, d'où le tableau standard des vecteurs de B^3 :

Syndromes	$S_0 = 0$	$S_1 = 1$
	(0,0,0)	(0,0,1)
	(0,1,0)	(0,1,1)
	(1,0,1)	(1,0,0)
	(1,1,1)	(1,1,0)
Classes	0	1

2) Dans la classe 1 deux vecteurs sont de poids minimum, choisissons l'un d'entre eux comme vecteur de correction ε, par exemple $\varepsilon = (0,0,1)$.

La correction automatique s'établit alors comme suit :

$$
\begin{array}{rcll}
(0,0,0) & & \longrightarrow & (0,0,0) \\
(0,0,1) & + \ (0,0,1) & = & (0,0,0) \\
(0,1,0) & & \longrightarrow & (0,1,0) \\
(0,1,1) & + \ (0,0,1) & = & (0,1,0) \\
(1,0,0) & + \ (0,0,1) & = & (1,0,1) \\
(1,0,1) & & \longrightarrow & (1,0,1) \\
(1,1,0) & + \ (0,0,1) & = & (1,1,1) \\
(1,1,1) & & \longrightarrow & (1,1,1).
\end{array}
$$

3) La transformation ci-dessus n'est pas unique. En effet on aurait pu choisir le vecteur $\varepsilon = (1,0,0)$ comme représentant de la classe 1, dans ce cas les messages erronés auraient été transformés comme suit :

$$
\begin{array}{rclcl}
(0,0,1) & \text{en} & (0,0,1) + (1,0,0) & = & (1,0,1) \\
(0,1,1) & \text{en} & (0,1,1) + (1,0,0) & = & (1,1,1) \\
(1,0,0) & \text{en} & (1,0,0) + (1,0,0) & = & (0,0,0) \\
(1,1,0) & \text{en} & (1,1,0) + (1,0,0) & = & (0,1,0).
\end{array}
$$

Exercice 2

Un code linéaire systématique $\mathscr{C}\ell_{n,r}$ a pour matrice des clés :

$$K = \begin{pmatrix} 1 & 0 \\ 0 & 1 \\ 1 & 0 \end{pmatrix}.$$

1) Déterminer la longueur et la dimension du code et donner sa matrice C de contrôle construite à partir de K.

2) Donner, à l'aide du tableau standard réduit, la correction des messages suivants :

$$m = (1,1,1,1,1) \text{ et } m^\star = (1,0,0,1,1).$$

3) Préciser les mots du code.

---

1) La matrice K a pour colonnes les clés du codage de la base canonique des vecteurs d'information. Il y a donc 2 vecteurs de base d'information d'où :

$$r = 2.$$

Le nombre de lignes de K est la longueur $s = n - r$ des clés d'où :

$$n = 5.$$

Il s'agit donc d'un code $\mathscr{C}\ell_{5,2}$ dont la matrice de contrôle normalisée est :

$$C_{3,5} = \left(\begin{array}{c|c} K_{3,2} & I_2 \end{array} \right) = \begin{pmatrix} 1 & 0 & 1 & 0 & 0 \\ 0 & 1 & 0 & 1 & 0 \\ 1 & 0 & 0 & 0 & 1 \end{pmatrix}.$$

2) Il y a $2^5 = 32$ messages reçus possibles. Leurs syndromes S_i étant les vecteurs de B^s, avec $s = 3$, sont au nombre de $2^3 = 8$, ce sont :

$$
\begin{array}{rcl|rcl}
S_0 & = & (0,0,0) & S_4 & = & (1,0,0) \\
S_1 & = & (0,0,1) & S_5 & = & (1,0,1) \\
S_2 & = & (0,1,0) & S_6 & = & (1,1,0) \\
S_3 & = & (0,1,1) & S_7 & = & (1,1,1).
\end{array}
$$

Construction du tableau standard réduit

a) Les vecteurs de code sont de syndrome nul : S_0.

b) Calcul des syndromes des messages de poids 1 :
Les colonnes C_i de la matrice C sont les syndromes des messages de poids 1, on a donc :

$$
\begin{array}{rclclcl}
S(1,0,0,0,0) & = & C_1 & = & (1,0,1) & = & S_5 \\
S(0,1,0,0,0) & = & C_2 & = & (0,1,0) & = & S_2 \\
S(0,0,1,0,0) & = & C_3 & = & (1,0,0) & = & S_4 \\
S(0,0,0,1,0) & = & C_4 & = & (0,1,0) & = & (S_2) \\
S(0,0,0,0,1) & = & C_5 & = & (0,0,1) & = & S_1.
\end{array}
$$

c) Toutes les classes d'équivalence par syndrome n'ayant pas encore de représentant, calculons les syndromes de messages de poids 2 :

$$
\begin{pmatrix} 1 & 0 & 1 & 0 & 0 \\ 0 & 1 & 0 & 1 & 0 \\ 1 & 0 & 0 & 0 & 1 \end{pmatrix}
\begin{pmatrix} 1 \\ 1 \\ 0 \\ 0 \\ 0 \end{pmatrix}
\begin{pmatrix} 1 \\ 0 \\ 1 \\ 0 \\ 0 \end{pmatrix}
\begin{pmatrix} 1 \\ 0 \\ 0 \\ 1 \\ 0 \end{pmatrix}
\begin{pmatrix} 1 \\ 0 \\ 0 \\ 0 \\ 1 \end{pmatrix}
\begin{pmatrix} 0 \\ 1 \\ 1 \\ 0 \\ 0 \end{pmatrix}
\begin{pmatrix} 0 \\ 1 \\ 0 \\ 1 \\ 0 \end{pmatrix}
\begin{pmatrix} 0 \\ 1 \\ 0 \\ 0 \\ 1 \end{pmatrix}
$$

$$
= \quad \begin{pmatrix} 1 \\ 1 \\ 1 \end{pmatrix} \begin{pmatrix} 0 \\ 0 \\ 1 \end{pmatrix} \begin{pmatrix} 1 \\ 1 \\ 1 \end{pmatrix} \begin{pmatrix} 1 \\ 0 \\ 0 \end{pmatrix} \begin{pmatrix} 1 \\ 1 \\ 0 \end{pmatrix} \begin{pmatrix} 0 \\ 0 \\ 0 \end{pmatrix} \begin{pmatrix} 0 \\ 1 \\ 1 \end{pmatrix}
$$

$$
= \quad S_7 \quad (S_1) \quad (S_7) \quad (S_4) \quad S_6 \quad (S_0) \quad S_3.
$$

Chaque classe a un représentant de poids minimum, d'où le tableau standard réduit :

S_i	S_0 $(0,0,0)$	S_1 $(0,0,1)$	S_2 $(0,1,0)$	S_3 $(0,1,1)$
ε	$(0,0,0,0,0)$	$(0,0,0,0,1)$	$(0,0,0,1,0)$	$(0,1,0,0,1)$
S_i	S_4 $(1,0,0)$	S_5 $(1,0,1)$	S_6 $(1,1,0)$	S_7 $(1,1,1)$
ε	$(0,0,1,0,0)$	$(1,0,0,0,0)$	$(0,1,1,0,0)$	$(1,1,0,0,0)$

Correction des messages

Calcul de leur syndrome :

$$\begin{pmatrix} 1 & 0 & 1 & 0 & 0 \\ 0 & 1 & 0 & 1 & 0 \\ 1 & 0 & 0 & 0 & 1 \end{pmatrix} \begin{pmatrix} 1 \\ 1 \\ 1 \\ 1 \\ 1 \end{pmatrix} \begin{pmatrix} 1 \\ 0 \\ 0 \\ 1 \\ 1 \end{pmatrix}$$

$$= \begin{pmatrix} 0 \\ 0 \\ 0 \end{pmatrix} \begin{pmatrix} 1 \\ 1 \\ 0 \end{pmatrix}$$

$$= \quad S_0 \quad S_6$$

$m = (1,1,1,1,1)$ de syndrome nul est un mode de code,

$m^\star = (1,0,0,1,1)$ de syndrome S_6 est corrigé par :

$$m_2 + \varepsilon_6 = (1,0,0,1,1) + (0,1,1,0,0) = (1,1,1,1,1).$$

3) Les quatre mots du code sont :

— les colonnes de la matrice génératrice du code systématique

$$G_{5,2} = \left(\begin{array}{c} I \\ - \\ K \end{array} \right) = \begin{pmatrix} 1 & 0 \\ 0 & 1 \\ 1 & 0 \\ 0 & 1 \\ 1 & 0 \end{pmatrix},$$

c'est-à-dire les vecteurs :

$$\begin{array}{ll} (1,0,1,0,1) & \text{codant} \quad (1,0), \\ (0,1,0,1,0) & \text{codant} \quad (0,1) \end{array}$$

— et de manière évidente :

$$\begin{array}{ll} (1,1,1,1,1) & \text{d'après la question précédente}, \\ (0,0,0,0,0) & \text{nécessairement}. \end{array}$$

Exercice 3

Un code linéaire $\mathcal{C}\ell_{n,r}$ a pour matrice de contrôle :

$$C = \begin{pmatrix} 1 & 1 & 0 & 0 & 1 & 0 & 1 \\ 0 & 0 & 1 & 1 & 1 & 0 & 1 \\ 1 & 0 & 1 & 0 & 0 & 1 & 1 \end{pmatrix}.$$

1) Donner la longueur des mots d'information et celle des mots de code.

2) Soit m un message dont tous les bits sont égaux à 1 ; m est-il un mot de code ?

3) Montrer que le code est un code de Hamming. Que peut-on dire de la correction des messages ayant k erreurs, $1 \leq k \leq 7$?

4) Si p est la probabilité d'erreur sur un bit et si les erreurs par bit sont indépendantes, exprimer en fonction de p la probabilité qu'un message erroné devienne, après correction automatique, un mot de code différent du mot de code émis. Donner une valeur approchée de cette probabilité pour $p = 0,1$.

---

1) Il s'agit d'un code $\mathcal{H}_{7,4}$, en effet le nombre de lignes de la matrice C étant $(n-r) = 3$, et le nombre n de colonnes étant égal à 7, on a :

$$n = 7 \text{ et } r = 4.$$

2) Un message est un mot de code si et seulement si $S(m) = 0$, ce qui est le cas pour $m = (1,1,1,1,1,1,1)$, en effet, en notant C_i la $i^{\text{ème}}$ colonne de la matrice C :

$$S(m) = Cm = \sum_{i=1}^{7} C_i = (0,0,0)$$
$$\implies m \in \mathcal{H}_{7,4}.$$

3) On remarque que les 7 vecteurs non nuls de B^3 sont les colonnes de la matrice C de contrôle, le code est donc de Hamming, on en conclut que :

– les messages ayant une erreur sont corrigés exactement, à coup sûr ;
– les messages de plus d'une erreur sont à coup sûr mal corrigés.

4) Il s'agit de la probabilité d'erreur résiduelle p_{res}.

Soit X la variable aléatoire donnant le poids des erreurs.

La correction automatique fournit toujours un mot de code ; si celui-ci est différent du mot émis il y a erreur, or un code de Hamming, ne corrige que les erreurs de poids 1, donc :

$$p_{res} = 1 - \Big(P(X=0) + P(X=1)\Big)$$

c'est-à-dire, en posant $q = (1-p)$:

$$\begin{aligned} p_{res} &= 1 - (q^7 + 7pq^6) \\ &= 1 - q^6(q + 7p). \end{aligned}$$

Si $p = 0,1$ (qui vérifie bien la condition $np < 1$), alors $q = 0,9$ et :

$$p_{res} = 1 - \frac{9^6}{10^6}\Big(\frac{9}{10} + \frac{7}{10}\Big) \simeq 0,02.$$

Exercice 4

Soit $\mathscr{C}_{n,r}$ un code de capacité de correction t.

1) Montrer que si c est un mot de code émis, le nombre d'erreurs de poids k pouvant se produire pendant la transmission de c est C_n^k ; en déduire que :

$$C_n^0 + C_n^1 + C_n^2 + \cdots + C_n^t \leq 2^{n-r}.$$

2) Montrer que $\mathscr{C}$ est parfait si et seulement si :

$$\sum_{k=0}^{t} C_n^k = 2^{n-r}.$$

3) Vérifier l'égalité précédente pour les codes de Hamming. Prouver que les codes $\mathscr{C}_{n,1}$ de répétition pure, de longueur impaire, sont des codes parfaits.

---

1) Il y a C_n^k configurations d'erreurs de poids k (autant que de manières dont sont disposés k bits endommagés sur n).

Les erreurs de poids k sont corrigées si chacune est

- unique
- de poids minimum

dans sa classe d'équivalence par syndrome dont elle est considérée comme représentant.

Si le code est t-correcteur, ces conditions sont remplies pour toutes les erreurs de poids inférieur ou égal à t. Il existe donc

$\qquad C_n^1$ classes dont le représentant est de poids 1,
$\qquad\qquad\qquad \vdots$
$\qquad C_n^t$ classes dont le représentant est de poids t.

En considérant un message exact comme ayant une erreur de poids nul, il existe

$\qquad$ une classe (ou C_n^0) pour toutes les erreurs de poids nul.

Or le nombre des classes concernées ne peut dépasser le nombre total de classes, d'où

$$C_n^0 + C_n^1 + C_n^2 + \cdots + C_n^t \leq 2^s. \qquad (A)$$

2) Un code t-correcteur est parfait, si et seulement si toute erreur de poids $k > t$ est mal corrigée ce qui signifie que son syndrome est égal à celui d'une erreur de poids $k' \leq t$.

Pour ce code, le nombre total de syndromes distincts est donc $\sum_{k=0}^{t} C_n^k$.

Mais la fonction syndrome est surjective, c'est-à-dire que l'ensemble des syndromes est B^s tout entier d'où :

$$\sum_{k=0}^{t} C_n^k = 2^s \qquad (B)$$

3.a) Un code de Hamming vérifie bien la relation (B), en effet,

— il est 1-correcteur donc :

$$\sum_{k=0}^{t} C_n^k = C_n^0 + C_n^1 = 1 + n\ ;$$

— sa longueur est $n = 2^s - 1$, d'où :

$$1 + n = 2^s.$$

3.b) Pour un code $\mathcal{C}_{n,1}$ de répétition pure, $d = n$.

Si n est impair, c'est-à-dire $n = 2j+1$, alors $t = \left[\dfrac{d-1}{2}\right] = j$, d'où :

$$\begin{aligned} n &= 2t+1 \\ s &= n-1 = 2t. \end{aligned}$$

Un tel code est parfait si et seulement si la relation (B) est vérifiée pour les valeurs de n et s ci-dessus, soit :

$$C_{2t+1}^0 + C_{2t+1}^1 + \cdots + C_{2t+1}^t = 2^{2t}. \qquad (1)$$

Rappelons que les coefficients binomiaux qui peuvent se calculer de proche en proche dans le triangle de Pascal, sont égaux symétriquement, c'est-à-dire qu'ils sont tels que :

$$C_n^k = C_n^{n-k}. \qquad (2)$$

D'autre part la formule du binôme permet d'écrire :

$$2^{2t+1} = (1+1)^{2t+1} = \left(C_{2t+1}^0 + \cdots + C_{2t+1}^t\right) + \left(C_{2t+1}^{t+1} + \cdots + C_{2t+1}^{2t+1}\right)$$

où, d'après (2) :

$$\begin{aligned} C_{2t+1}^0 &= C_{2t+1}^{2t+1} \\ &\vdots \\ C_{2t+1}^t &= C_{2t+1}^{t+1} \end{aligned}$$

ce qui donne :

$$2^{2t+1} = 2(C_{2t+1}^0 + \cdots + C_{2t+1}^t).$$

En divisant par 2 les deux membres de cette égalité on obtient (1), ce qui prouve que les codes $\mathcal{C}_{n,1}$ de répétition pure, de longueur impaire, sont parfaits.

Exercice 5

1) Donner la longueur et la dimension des codes au moins 1-correcteurs, de redondance $s = 2$ puis $s = 3$. Montrer qu'ils sont exactement 1-correcteurs.

2) Préciser dans chaque cas les codes de Hamming et vérifier que ceux-ci sont de longueur et de rendement maximum dans leur catégorie.

---

1) Un code au moins 1-correcteur admet une matrice de contrôle dont les n colonnes sont des vecteurs distincts et non nuls de B^s, ce qui implique :

$$n \leq 2^s - 1. \qquad (1)$$

Dans tous les cas $n > s$, donc en tenant compte de (1) :

$$s < n \leq 2^s - 1. \qquad (2)$$

La borne de Singleton impose $d \leq n - r + 1$ et les codes au moins 1-correcteurs sont de distance minimale $d \geq 3$, d'où :

$$3 \leq d \leq s + 1. \qquad (3)$$

• Si $s = 2$ la relation (2) donne $2 < n \leq 3$, ce qui implique

$$n = 3 \text{ et } r = 1.$$

Il s'agit donc de codes de type $\mathcal{C}\ell_{3,1}$ et la relation (3) donne $3 \leq d \leq 3$, d'où

$$d = 3 \text{ et } t = 1.$$

• Si $s = 3$ on a :
$$3 < n \leq 7 \quad ; \quad 3 \leq d \leq 4 \text{ d'où } t = 1.$$

Les codes sont donc de types $\mathcal{C}\ell_{4,1}$, $\mathcal{C}\ell_{5,2}$, $\mathcal{C}\ell_{6,3}$, $\mathcal{C}\ell_{7,4}$.

Tous ces codes sont exactement 1-correcteurs.

3) Parmi les codes au moins 1-correcteurs, de redondance fixée, les codes de Hamming sont de longueur $2^s - 1$ et leur distance minimale d est 3 ; pour $s = 2$ il s'agit du code $\mathcal{H}_{3,1}$ ou $\mathcal{C}\ell_{3,1,3}$; si $s = 3$, ce sont des codes de type $\mathcal{H}_{7,4}$ ou $\mathcal{C}\ell_{7,4,3}$.

Le tableau suivant regroupe les résultats en indiquant le rendement ρ des codes ce qui permet de constater que, pour chacune des valeurs de s, les codes 1-correcteurs de meilleur rendement sont de Hamming et que ceux-ci sont de longueur maximum.

$s = 2$		$s = 3$	
code	ρ	code	ρ
$\mathcal{H}_{3,1}$	0,33	$\mathcal{C}\ell_{4,1}$	0,25
		$\mathcal{C}\ell_{5,2}$	0,40
		$\mathcal{C}\ell_{6,3}$	0,50
		$\mathcal{H}_{7,4}$	0,57

CHAPITRE IV

Codes polynomiaux

Les codes polynomiaux forment une catégorie de codes linéaires dont tous les mots peuvent se déduire d'un seul d'entre eux. En plus d'une grande facilité de codage et de contrôle ils permettent une bonne détection des messages erronés. Ils sont liés à une représentation des n-uples binaires par des polynômes, ce qui leur a valu leur dénomination.

1 Représentation polynomiale des mots

Jusqu'ici nous avons représenté un mot ou p-uple binaire par un vecteur de B^p. On peut également considérer les p termes d'une suite $v = v_1, v_2, \ldots, v_p$ comme les coefficients d'un polynôme :

$$v(x) = v_1 x^{p-1} + v_2 x^{p-2} + \cdots + v_p.$$

et réciproquement la suite de ces p coefficients définit
— soit le polynôme nul si tous les v_i sont nuls,
— soit un polynôme de degré au plus $(p-1)$ sinon.

Si P_{p-1} désigne l'ensemble des polynômes à coefficients binaires, ou simplement *polynômes binaires*, comprenant :
— les polynômes de degré inférieur ou égal à $(p-1)$,
— le polynôme nul,

un mot d'information $i_1 \ldots i_r$ sera représenté par un polynôme de P_{r-1} :

$$i(x) = i_1 x^{r-1} + \cdots + i_r,$$

un mot de code $c_1 \ldots c_n$, par un polynôme de P_{n-1} :

$$c(x) = c_1 x^{n-1} + \cdots + c_n.$$

Le codage consiste à faire correspondre à chaque polynôme de P_{r-1}, appelé *polynôme d'information* un certain polynôme de P_{n-1} appelé *polynôme de code*.

1.1 Opérations sur les polynômes

On peut effectuer les opérations suivantes :

a) Dans P_{p-1}

- **une addition,**
  en ajoutant modulo 2, les coefficients des monômes de même degré, exemple :
  $$(x^2 + x + 1) + (x^3 + x^2) = x^3 + x + 1$$

- **une multiplication par** $\lambda \in \{0, 1\}$:
  $$1 \times p(x) = p(x) \quad \text{et} \quad 0 \times p(x) = 0(x).$$

On vérifie aisément que ces opérations ont les bonnes propriétés qui font de P_{p-1} un espace vectoriel sur $B = \{0, 1\}$, de dimension p.

Donc P_{r-1}, ensemble des polynômes d'information et P_{n-1}, ensemble des polynômes associés aux messages reçus possibles, sont des *espaces vectoriels sur B*.

On identifiera P_{r-1} à B^r et P_{n-1} à B^n.

- **la division euclidienne,**
  la division de $m_1(x)$ par $m_2(x)$ non nul s'exprime par :
  $$\begin{aligned} m_1(x) &= m_2(x)Q(x) + R(x) \\ &\text{avec } R(x) = 0 \quad \text{ou} \quad \deg(R) < \deg(m_2). \end{aligned}$$

Par exemple, la division euclidienne de $(x^3 + x^2 + x)$ par $(x+1)$, polynômes de P_3 donne :
$$x^3 + x^2 + x = (x+1)(x^2 + 1) + 1 \,.$$

Pour effectuer cette dernière opération on peut disposer les calculs comme on le fait pour une division de nombres entiers positifs.

Puisque la soustraction modulo 2 est identique à l'addition, les produits des quotients partiels par le diviseur sont ajoutés aux dividendes successifs. Ainsi l'opération précédente peut s'écrire :

$$\begin{array}{rrrr|rr} x^3 & + \; x^2 & + \; x & & x & + \; 1 \\ \hline x^3 & + \; x^2 & & & x^2 & + \; 1 \\ \hline & 0 & x & & & \\ & & x & + \; 1 & & \\ \hline & & 0 & + \; 1 & & \end{array}$$

Remarquons que le produit de deux polynômes $m_1(x)$ et $m_2(x)$ est possible *dans* P_{p-1}, si et seulement si :

- soit $\deg(m_1) + \deg(m_2) \leq (p-1)$,
- soit l'un des deux polynômes $m_1(x)$, $m_2(x)$ est nul.

b) Dans P, ensemble de tous les polynômes binaires, les trois opérations de P_{p-1} sont également possibles de plus, il existe :

- **une multiplication** telle que
    - si $m_1(x) = 0$, $m_1(x) m_2(x) = 0$;
    - sinon, soit $m_1(x)$ de degré d_1 et $m_2(x)$ de degré d_2, leur produit est un polynôme de degré $(d_1 + d_2)$, dont le calcul des coefficients s'effectue en appliquant les règles d'addition et multiplication modulo 2.

    Par exemple :
    $$\begin{aligned}(x^3 + x^2 + 1)(x^2 + x) &= x^5 + (x^4 + x^4) + x^3 + x^2 + x \\ &= x^5 + x^3 + x^2 + x.\end{aligned}$$

L'addition et la multiplication possèdent toutes les bonnes propriétés, (commutativité, associativité, distributivité, existence d'éléments neutres) qui donnent à P la structure d'"anneau".

Remarque

Le degré du polynôme nul prête à réflexion.

En effet : notons $0(x)$ le polynôme nul et $\deg(a)$ le degré d'un polynôme quelconque $a(x)$. Supposons que $\deg(0)$ soit un nombre d. Pour tout polynôme $a(x)$ de degré $k > 0$ on a :

$$\begin{aligned}0(x) a(x) &= 0(x) \\ &\text{avec } d + k = d.\end{aligned}$$

Or aucun nombre d ne vérifie cette relation, le polynôme nul n'est pas de degré fini. On lui attribue parfois le degré "$-\infty$", on peut également convenir qu'il ne soit pas affecté de degré. C'est ce choix que nous ferons. Le polynôme nul est généralement noté simplement : "0", au lieu de $0(x)$.

1.2 Description des codes polynomiaux

Avec l'interprétation polynomiale des mots, on bénéficie d'une multiplication, sous les conditions précisées, et d'une division ce qui permet l'élaboration d'un type de code extrêmement simple à construire.

L'idée est de choisir un polynôme $g(x)$ et de prendre pour polynômes de code, des multiples de $g(x)$, tout en conservant la propriété de linéarité dont nous avons vu l'intérêt au chapitre précédent, ce qui est possible puisque P_{r-1} et P_{n-1} sont des espaces vectoriels, d'où la définition suivante :

DÉFINITION

Un code polynomial est :
- *un code linéaire tel que :*
- *sous forme polynomiale, tous les mots de code sont des multiples de l'un d'eux.*

Le polynôme $g(x)$, servant à construire tous les mots du code est appelé *polynôme générateur* du code.

Un code polynomial codant tous les blocs d'information de longueur r par des mots de code de longueur n sera noté : $\mathcal{C}p_{n,r}$ ou $\mathcal{C}_{n,r}(g)$.

1.3 Fonction de codage

Soit $g(x)$ un polynôme de degré s, P_{r-1} l'ensemble des polynômes $i(x)$ d'information et l'espace vectoriel P_{s+r-1}.

Considérons l'application f de P_{r-1} dans P_{s+r-1} telle que :

$$\boxed{i(x) \xrightarrow{f} i(x)\,g(x).} \tag{1}$$

f est linéaire, en effet,

$$\forall i_1(x) \text{ et } i_2(x) \in P_{r-1} \;:\; i_1(x)g(x) + i_2(x)g(x) = \bigl(i_1(x) + i_2(x)\bigr)g(x)$$
$$\forall i_1(x) \in P_{r-1}, \forall \lambda \in B \;:\; \bigl(\lambda\, i_1(x)\bigr)g(x) = \lambda\bigl(i_1(x)g(x)\bigr)$$
$$\text{(évident car } \lambda \in \{0,1\}\text{)}.$$

Elle est injective, en effet :

$$i_1(x)g(x) = i_2(x)g(x) \iff \bigl(i_1(x) - i_2(x)\bigr)g(x) = 0$$
$$\iff i_1(x) = i_2(x)$$
$$\text{puisque le polynôme } g(x) \text{ est non nul.}$$

f est donc une application de codage de P_{r-1} dans P_{s+r-1} ; le code est :
- linéaire de longueur $n = (s+r)$, de dimension r,
- engendré par $g(x)$ de degré $s = n - r$.

Il s'agit d'un code polynomial $\mathcal{C}p_{n,r}$.

1.4 Polynôme générateur

Le polynôme générateur possède les propriétés suivantes :

PROPOSITION 1

> Dans un code polynomial le polynôme générateur est :
> a) l'unique polynôme de degré minimum, $(n-r)$;
> b) le polynôme codant $i(x) = 1$.

DÉMONSTRATION

a) Le générateur est par définition non nul ; puisque tout polynôme de code est un multiple de $g(x)$ celui-ci est de degré minimum dans le code et nous venons de voir que $g(x)$ était de degré $(n-r)$.

Codes polynomiaux

D'autre part supposons qu'il existe un autre polynôme de code, $h(x)$, de même degré $(n-r)$. Le coefficient du terme de plus haut degré dans $g(x)$ et $h(x)$ étant "1", la somme $g(x) + h(x)$ est un polynôme :

- appartenant au code, puisque celui-ci est linéaire ;
- nul ou de degré *strictement inférieur* à $(n-r)$.

Or dans le code, $g(x)$ est de degré minimum $(n-r)$, donc $g(x) + h(x)$ ne peut être de degré inférieur, il est donc nul, d'où $g(x) = h(x)$.

b) Il est évident que $g(x)$ code $i(x) = 1$ puisque $g(x) = 1 \times g(x)$.

□

Ainsi se donner un polynôme générateur pour construire un code polynomial revient à fixer le codage du polynôme d'information $i(x) = 1$.

Un code polynomial de longueur n est donc bien défini par son unique polynôme générateur.

2 Codage

Soit à coder l'ensemble des polynômes de P_{r-1},

- si le degré s du générateur est fixé, il détermine la longueur n du code,
- si la longueur du code est imposée, tout polynôme de degré $s = n - r$ engendre un code polynomial $\mathcal{C}p_{n,r}$.

2.1 Codage par multiplication de polynômes

Pour $g(x)$ fixé, la fonction de codage f définie en (1) permet de construire un code polynomial tel que :

$$\boxed{\mathcal{C}p_{n,r} = \Big\{ c(x) = i(x)g(x), \quad i(x) \in P_{r-1}, \quad \deg(g) = n - r \Big\}.} \tag{2}$$

Exemple 1

Pour un code polynomial de longueur 5, de dimension 3, le polynôme générateur doit être de degré $s = n - r = 2$, c'est-à-dire un des polynômes :

$$x^2, \quad x^2 + 1, \quad x^2 + x, \quad \text{ou} \quad x^2 + x + 1.$$

Choisissons par exemple

$$g(x) = x^2 + x.$$

L'application de codage de P_2 dans P_4 code les polynômes $i(x)$ d'information par :

$$c(x) = i(x)(x^2 + x).$$

On obtient le codage suivant où les mots sont exprimés sous leurs deux formes polynomiale et vectorielle.

i	$i(x)$	$c(x) = i(x)(x^2 + x)$	c
(0,0,0)	0	0	(0,0,0,0,0)
(0,0,1)	1	$x^2 + x$	(0,0,1,1,0)
(0,1,0)	x	$x^3 + x^2$	(0,1,1,0,0)
(0,1,1)	$x + 1$	$x^3 + x$	(0,1,0,1,0)
(1,0,0)	x^2	$x^4 + x^3$	(1,1,0,0,0)
(1,0,1)	$x^2 + 1$	$x^4 + x^3 + x^2 + x$	(1,1,1,1,0)
(1,1,0)	$x^2 + x$	$x^4 + x^2$	(1,0,1,0,0)
(1,1,1)	$x^2 + x + 1$	$x^4 + x$	(1,0,0,1,0)

2.2 Matrice génératrice caractéristique

Comme code linéaire, un code polynomial peut se construire à l'aide d'une de ses matrices génératrices. En codant la base canonique de P_{r-1}, par la fonction de codage décrite en (1), on obtient une base de P_{n-1} d'où une matrice *caractéristique d'un code polynomial*, remarquablement simple à établir.

Cette base est composée des polynômes $e_i(x)$ suivants :

$$
\begin{aligned}
e_1(x) &= x^{r-1} \quad \text{forme polynomiale de} \quad e_1 = (1, 0, \ldots, 0) \\
&\vdots \\
e_{r-1}(x) &= x \quad \text{forme polynomiale de} \quad e_{r-1} = (0, \ldots, 1, 0) \\
e_r(x) &= 1 \quad \text{forme polynomiale de} \quad e_r = (0, \ldots, 0, 1).
\end{aligned}
$$

Ce qui donne :

$$
\begin{aligned}
x^{r-1} &\quad \text{codé en} \quad x^{r-1} g(x) \\
&\vdots \\
x &\quad \text{codé en} \quad x g(x) \\
1 &\quad \text{codé en} \quad g(x).
\end{aligned}
$$

Les polynômes de code ainsi obtenus forment une base du code, sous espace vectoriel de P_{n-1}, de dimension r. Chacun représente une des r colonnes d'une matrice génératrice notée $\boldsymbol{G(g)}$ que l'on peut écrire de manière formelle :

$$
G(g) = \left(\begin{pmatrix} x^{r-1} g(x) \end{pmatrix} \cdots \begin{pmatrix} x g(x) \end{pmatrix} \begin{pmatrix} g(x) \end{pmatrix} \right)
$$

où les colonnes de la matrice sont les vecteurs formés par les coefficients des polynômes cités, le polynôme générateur étant

$$
g(x) = x^{n-r} + g_{r+1} x^{n-(r+1)} + \cdots + g_{n-1} x + g_n. \tag{3}
$$

Il vient :

$$(0, \ldots, 0, 1, g_{r+1}, \ldots, g_n) \quad \text{correspondant à} \quad g(x)$$
$$(0, \ldots, 1, g_{r+1}, \ldots, g_n, 0) \quad \text{correspondant à} \quad xg(x)$$
$$\vdots \qquad\qquad \vdots \qquad\qquad \vdots$$
$$(1, g_{r+1}, \ldots, g_n, 0, \ldots, 0) \quad \text{correspondant à} \quad x^{r-1}g(x)$$

La matrice $G(g)$ est donc de la forme :

$$G(g) = \begin{pmatrix} 1 & 0 & \ldots & 0 \\ g_{r+1} & \ddots & \ddots & \vdots \\ \vdots & \ddots & 1 & 0 \\ g_n & \ddots & g_{r+1} & 1 \\ 0 & \ddots & \vdots & g_{r+1} \\ \vdots & \ddots & g_n & \vdots \\ 0 & \ldots & 0 & g_n \end{pmatrix}.$$

On remarque la disposition *en diagonale* des coefficients $1, g_{r+1}, \ldots, g_n$ du polynôme générateur qui permet la construction immédiate de la matrice à partir de $g(x)$.

Réciproquement toute matrice de ce type définit un code polynomial dont le générateur, a pour coefficient les éléments de la dernière colonne.

Exemple 2

Pour le code polynomial $\mathscr{C}p_{5,3}$ de l'exemple précédent, le polynôme générateur $g(x) = (x^2 + x)$, correspond au vecteur $(0,0,1,1,0)$ de B^5, d'où la matrice génératrice caractéristique du code :

$$G(g) = \begin{pmatrix} 1 & 0 & 0 \\ 1 & 1 & 0 \\ 0 & 1 & 1 \\ 0 & 0 & 1 \\ 0 & 0 & 0 \end{pmatrix}.$$

Remarque

La construction ci-dessus décrite n'est pas un codage systématique. Pour un code polynomial, le codage systématique qui place l'information dans la première partie du mot de code, est un peu moins simple.

2.3 Codage systématique

Soit $g(x)$ un polynôme de degré $s = (n-r)$, le codage se fait en deux étapes, en utilisant la multiplication et la division de polynômes.

En effet, avec un codage systématique, tout polynôme de code est de la forme :

$$c(x) = (i_1 x^{n-1} + \cdots + i_r x^{n-r}) + k_1 x^{(n-r)-1} + \cdots + k_{n-r}$$

que l'on peut écrire
$$c(x) = x^{n-r}(i_1 x^{r-1} + \cdots + i_r) + k_1 x^{(n-r)-1} + \cdots + k_{n-r}$$
soit
$$c(x) = x^{n-r} i(x) + k(x) \qquad (4)$$
avec $k(x) = 0$ ou $\deg(k) \leq (n-r) - 1$; $k(x)$ étant le polynôme associé à la clé de contrôle.

Première étape

Calculer le produit $x^{n-r} i(x)$, revient à déplacer les coefficients de $i(x)$ de $(n-r)$ rangs vers la gauche, comme indiqué sur le schéma suivant :

coefficients de	x^{n-1}	$\cdots$	x^{r-1}	$\cdots$	x^{n-r}	$\cdots$	x^0
dans $i(x)$			i_1	$\cdots$	$\cdots$	$\cdots$	i_r
dans $x^{n-r} i(x)$	i_1	$\cdots$	$\cdots$	$\cdots$	i_r		

Ainsi $x^{n-r} i(x)$ est un polynôme de P_{n-1} dont
- les r premiers coefficients sont ceux du polynôme d'information,
- les $(n-r)$ derniers termes sont nuls.

Lui ajouter $k(x)$ consiste à remplacer ces termes nuls par ceux de $k(x)$.

Deuxième étape : calcul de la clé de contrôle

On obtient un mot de code pour $k(x)$ tel que :
$$x^{n-r} i(x) + k(x) \in \mathcal{C}_{n,r}$$
c'est-à-dire :
$$x^{n-r} i(x) + k(x) = i^\star(x) g(x), \qquad \text{avec } i^\star(x) \in P_{r-1}$$
ce qui implique :
$$x^{n-r} i(x) = i^\star(x) g(x) + k(x). \qquad (5)$$
On observe que :
- soit $k(x)$ est nul,
- soit $\deg(k) < \deg(g)$ puisque $\deg(k) \leq (n-r) - 1$.

L'égalité (5) représente donc la division euclidienne de $x^{n-r} i(x)$ par $g(x)$ dont le polynôme $k(x)$ est le reste.

On dit que $k(x)$ est calculé "modulo $g(x)$" et l'on écrit :
$$k(x) = x^{n-r} i(x) \mod g(x). \qquad (6)$$

Résultat

Le codage systématique s'effectue par une concaténation, il transforme $i(x)$ en
$$\boxed{c(x) = x^{n-r} i(x) + \left(x^{n-r} i(x) \mod g(x) \right).} \qquad (7)$$

Il est décrit par la règle suivante.

Règle du codage systématique

Pour construire un code polynomial $\mathcal{C}p_{n,r}$ de générateur $g(x)$, par un codage systématique, il faut, pour chaque polynôme $i(x) \in P_{r-1}$:

1. calculer le produit $x^{n-r}i(x)$;
2. diviser $x^{n-r}i(x)$ par $g(x)$: le reste de la division est la clé de contrôle $k(x)$ associée à $i(x)$;
3. ajouter $x^{n-r}i(x)$ et $k(x) = x^{n-r}i(x) \bmod g(x)$ pour obtenir le polynôme de code $c(x)$ correspondant à $i(x)$.

Remarque

Tout code polynomial $\mathcal{C}p_{n,r}$ peut être construit par un codage systématique. En effet la règle du codage systématique d'un code polynomial est basée sur la connaissance du polynôme générateur $g(x)$, or il n'existe qu'un seul code, pour n ou r fixé défini par un polynôme $g(x)$ donné.

Exemple 3

Construisons le code $\mathcal{C}p_{5,3}$ précédent par codage systématique.

1. Calcul, pour chaque $i(x)$, de $x^{n-r}i(x) = x^2 i(x)$

i	$i(x)$	$x^2 i(x)$
$(0,0,0)$	0	0
$(0,0,1)$	1	x^2
$(0,1,0)$	x	x^3
$(0,1,1)$	$x + 1$	$x^3 + x^2$
$(1,0,0)$	x^2	x^4
$(1,0,1)$	$x^2 + 1$	$x^4 + x^2$
$(1,1,0)$	$x^2 + x$	$x^4 + x^3$
$(1,1,1)$	$x^2 + x + 1$	$x^4 + x^3 + x^2$

2. Tableau des clés de contrôle $k(x)$

$x^2 i(x)$	$= (x^2 + x)Q(x)$	$+k(x)$	$k(x)$
0	$= (x^2 + x) \times 0$		0
x^2	$= (x^2 + x)$	$+x$	x
x^3	$= (x^2 + x)(x + 1)$	$+x$	x
$x^3 + x^2$	$= (x^2 + x)x$		0
x^4	$= (x^2 + x)(x^2 + x + 1)$	$+x$	x
$x^4 + x^2$	$= (x^2 + x)(x^2 + x)$		0
$x^4 + x^3$	$= (x^2 + x)x^2$		0
$x^4 + x^3 + x^2$	$= (x^2 + x)(x^2 + 1)$	$+x$	x

3. Tableau de codage complet :

i	$c(x) = x^2 i(x)$	$+k(x)$	c
$(0,0,0)$	0	$+\ \ 0$	$(0,0,0,0,0)$
$(0,0,1)$	x^2	$+\ \ x$	$(0,0,1,1,0)$
$(0,1,0)$	x^3	$+\ \ x$	$(0,1,0,1,0)$
$(0,1,1)$	$x^3 + x^2$	$+\ \ 0$	$(0,1,1,0,0)$
$(1,0,0)$	x^4	$+\ \ x$	$(1,0,0,1,0)$
$(1,0,1)$	$x^4 + x^2$	$+\ \ 0$	$(1,0,1,0,0)$
$(1,1,0)$	$x^4 + x^3$	$+\ \ 0$	$(1,1,0,0,0)$
$(1,1,1)$	$x^4 + x^3 + x^2$	$+\ \ x$	$(1,1,1,1,0)$

Matrice génératrice normalisée d'un code polynomial

On peut évidemment ne coder par la formule (7) que les vecteurs de la base canonique de P_{r-1} et définir le code par sa matrice génératrice normalisée.

Exemple 4

Pour ce code $\mathcal{C}p_{5,3}$, le codage systématique défini ci-dessus, appliqué à la base $\{x^2, x, 1\}$ de P_2 donne les colonnes de la matrice normalisée, d'où d'après leurs valeurs que l'on peut relever dans le tableau ci-dessus :

$$G_{5,3} = \begin{pmatrix} 1 & 0 & 0 \\ 0 & 1 & 0 \\ 0 & 0 & 1 \\ 1 & 1 & 1 \\ 0 & 0 & 0 \end{pmatrix}.$$

Notons que le codage de $i(x) = 1$ se trouve placé dans la dernière colonne de G.

Remarque

L'information contenue dans un mot de code $c(x)$ sera obtenue :

– dans le cas du codage par multiplication des polynômes d'information par $g(x)$, en divisant $c(x)$ par $g(x)$;

– dans le cas d'un codage systématique, en supprimant dans $c(x)$ tous les termes de degré inférieur ou égal à $(n-r) - 1$.

3 Détection d'erreur

Pour détecter les messages erronés on peut construire des matrices de contrôle comme indiqué dans le chapitre II. Cependant le contrôle des messages peut également être réalisé par une simple opération polynomiale.

3.1 Contrôle par division de polynômes

Si le code est polynomial il suffit de diviser le message reçu $m(x)$ par $g(x)$:

$$\begin{aligned} m(x) &= g(x)Q(x) + R(x) \\ &\text{avec } R(x) = 0 \text{ ou } \deg(R) < \deg(g). \end{aligned} \qquad (8)$$

– Si $R(x) = 0$ alors
  $m(x)$ est un polynôme de code, il est *accepté* comme exact.
– Si $R(x) \neq 0$ alors
  $m(x)$ est un message erroné *reconnu*.

Fonction syndrome

Soit $s = \deg(g)$, le polynôme $R(x)$ appartient à P_{s-1} et, comme reste de la division de $m(x)$ par $g(x)$, s'écrit :

$$R(x) = m(x) \bmod g(x).$$

L'application S qui à chaque $m(x)$ fait correspondre le reste de la division de $m(x)$ par $g(x)$, c'est-à-dire telle que :

$$\boxed{m(x) \stackrel{S}{\hookrightarrow} m(x) \bmod g(x).}$$

est une application linéaire de P_{n-1} dans P_{s-1} dont le code est le noyau ; il s'agit donc d'une fonction syndrome, propre au code polynomial et toute matrice associée à S est une matrice de contrôle du code.

<u>Remarque</u>

Si par exemple le codage est systématique, un message $m(x)$ s'écrit :

$$\begin{aligned} m(x) &= (m_1 x^{n-1} + \dots + m_r x^{n-r}) + m_{r+1} x^{n-(r+1)} + \dots + m_n \\ &= x^{n-r}(m_1 x^{r-1} + \dots + m_r) + q(x). \end{aligned}$$

Or $(m_1 x^{r-1} + \dots + m_r)$ appartient à P_{r-1}, c'est donc un polynôme d'information $i(x)$; il est codé par

$$c(x) = x^{n-r} i(x) + k(x)$$

d'où l'on déduit

$$\begin{aligned} x^{n-r} i(x) &= c(x) + k(x) \\ m(x) &= c(x) + \big(k(x) + q(x)\big) \\ &= g(x) Q(x) + \big(k(x) + q(x)\big). \end{aligned}$$

On retrouve la règle de contrôle établie sous forme vectorielle au chapitre II :

– $k(x) + q(x) = 0 \iff k(x) = q(x)$, d'où $m(x)$ est un polynôme de code,
– $k(x) + q(x) \neq 0 \iff k(x) \neq q(x)$ et $m(x)$ n'appartient pas au code.

La fonction syndrome qui à $m(x)$ fait correspondre $S(m) = k(x) + q(x)$ a pour matrice associée la matrice de contrôle canonique du code.

3.2 Possibilités de détection d'erreur

Pour un code polynomial $\mathscr{C}p_{n,r}$ les possibilités de détection des messages erronés sont liées au polynôme générateur.

Un message erroné $m(x)$, provenant du polynôme de code $c(x)$ s'écrit :

$$m(x) = c(x) + e(x)$$

où
$$e(x) = e_1 x^{n-1} + \cdots + e_{n-k} x^k + \cdots + e_n$$

est le polynôme associé à l'erreur de transmission.

Or un message erroné est reconnu si et seulement si $e(x)$ n'est pas un polynôme de code (proposition II 3), c'est-à-dire si $g(x)$ ne divise pas le polynôme d'erreur.

On note que :

- une erreur de poids 1 portant sur la composante m_{n-k} du message, correspond au polynôme d'erreur $e(x) = x^k$;
- une erreur de poids w se représente par :

$$e(x) = x^{k_1} + x^{k_2} + \cdots + x^{k_w}.$$

Cas des erreurs de poids un

PROPOSITION 2

> La détection de tous les messages ayant une erreur de poids 1 est assurée si le polynôme générateur $g(x)$ a au moins deux termes non nuls.

En effet, un tel polynôme ne pouvant pas diviser un monôme, $g(x)$ ne divise aucun polynôme d'erreur de la forme x^k. □

Cas des erreurs de poids deux

PROPOSITION 3

> La détection de tous les messages ayant des erreurs de poids 2 est assurée si le polynôme générateur ne divise aucun polynôme de la forme $x^j + x^k$ pour tout j et tout k tels que $1 \leq j - k \leq n - 1$.

En effet, une erreur de poids 2 correspond à un polynôme d'erreur :

$$e(x) = x^j + x^k \quad \text{avec } j > k$$

c'est-à-dire :
$$e(x) = x^k(x^{j-k} + 1).$$

Pour que tous les messages ayant 2 erreurs soient détectés il suffit donc que $g(x)$ ne divise aucun polynôme de cette forme, pour toutes les valeurs que peuvent prendre j et k, c'est-à-dire pour $0 \leq k < j \leq (n-1)$ ou $1 \leq j - k \leq n - 1$.

□

Codes polynomiaux 81

Cas des erreurs de poids impair

PROPOSITION 4

La détection de tous les messages ayant des erreurs de poids impair est assurée si le polynôme générateur $g(x)$ est multiple de $(x+1)$.

En effet, si $g(x) = (x+1)Q(x)$ alors $x = 1$ est racine de $g(x)$.

Une erreur de poids impair est représentée par un polynôme d'erreur ayant un nombre impair de termes, (par exemple $x^i + x^j + x^k$, $0 \leq k < j < i \leq (n-1)$ est une erreur de poids 3).

Un tel polynôme d'erreur vaut 1 pour $x = 1$ et ne peut donc pas être divisible par le polynôme générateur. □

Remarque

Ces propriétés ne déterminent pas la capacité, θ, de détection d'erreur du code, telle que nous l'avons définie en III 3.3. Par exemple, la proposition 4 ne peut indiquer une valeur θ telle que tous les messages de moins de θ erreurs soient détectés.

Exemple 5

Soit le code $\mathscr{C}p_{5,3}$, précédemment étudié, engendré par $(x^2 + x)$.

• Le polynôme $g(x)$ ayant 2 termes, ne divise aucun monôme x^k : toutes les erreurs simples sont donc détectées.

• Puisque toutes les erreurs x^k sont détectées, pour que les erreurs de poids 2 soient également toutes détectées il suffit dans ce cas que $g(x)$ ne divise aucun polynôme d'erreurs de la forme :

$$x^{j-k} + 1 \qquad \text{avec} \quad 1 \leq (j-k) \leq 4.$$

Il est évident que $(x^2 + x)$ ne divise pas $(x+1)$.
D'autre part il ne divise pas non plus $(x^2 + 1)$, ni $(x^3 + 1)$, ni $(x^4 + 1)$, puisque :

$$x^2 + 1 = (x^2 + x) + (x+1)$$

$$\begin{aligned} x^3 + 1 &= (x^2 + x)x + (x^2 + 1) \\ &= (x^2 + x)(x+1) + (x+1) \end{aligned}$$

$$\begin{aligned} x^4 + 1 &= (x^2 + x)x^2 + (x^3 + 1) \\ &= (x^2 + x)(x^2 + x + 1) + (x+1). \end{aligned}$$

Ainsi, toutes les erreurs de poids 2 sont aussi détectées.

• Enfin le polynôme $(x^2 + x)$ est multiple de $(x+1)$: $(x^2 + x) = (x+1)x$.
Donc toutes les erreurs de poids impair sont également détectées.

Ce code reconnait un nombre intéressant de messages erronés. Pour la correction on peut appliquer l'algorithme décrit au chapitre III.

4 Autre représentation des codes polynomiaux

Soit $p(x)$ un polynôme de degré n et soit la division euclidienne d'un polynome binaire quelconque $a(x)$ par $p(x)$:

$$a(x) = p(x)q(x) + r(x) \qquad (9)$$
$$\text{avec } r(x) = 0 \text{ ou } \deg(r) < \deg(p).$$

Comme nous l'avons vu précédemment, le reste est alors noté :

$$r(x) = a(x) \bmod p(x).$$

Si à tout $a(x)$ dans P on fait correspondre $r(x)$ ainsi défini, on obtient une fonction qui applique P sur P_{n-1}. Par exemple, si $p(x) = x^2 + x$:

- $\forall a(x) \in P, \quad a(x) \bmod (x^2 + x) \in P_1$;
- réciproquement, tout élément de P_1 est le reste de la division de polynômes de P par $p(x)$.

Remarque

Il est évident que :

$$\text{si} : a(x) = p(x)q(x) \quad \text{alors} \quad a(x) \bmod p(x) = 0$$
$$\text{si} : \deg(a) < n \text{ ou } a = 0 \quad \text{alors} \quad a(x) \bmod p(x) = a(x).$$

Notons que :

$$a(x) = b(x) \implies a(x) \bmod p(x) = b(x) \bmod p(x)$$

mais que la réciproque n'est pas vraie. En effet l'égalité de $a(x) \bmod p(x)$ et $b(x) \bmod p(x)$ implique seulement qu'ils ont le même reste dans la division par $p(x)$. On dit qu'ils sont "congrus" modulo p(x) et l'on écrit :

$$a(x) \equiv b(x) \quad \text{modulo } p(x).$$

On a donc l'équivalence d'écriture :

$$a(x) \bmod p(x) = r(x) \iff \begin{cases} a(x) \equiv r(x) & \text{modulo } p(x) \\ \deg(r) < \deg(p) \text{ ou } r = 0. \end{cases} \qquad (10)$$

Nous allons maintenant définir une multiplication *dans* P_{n-1}.

4.1 Structure d'anneau de P_{n-1}

Soit $p(x)$ un polynôme binaire de degré n.

Remarquons d'abord que P_{n-1} possède

- **une addition modulo $p(x)$**
  qui coïncide avec l'addition définie en 1.1 (addition modulo 2 des coefficients des termes de même degré), en effet les polynômes de P_{n-1} sont de degré inférieur ou égal à n donc :

  $$\forall m_1(x), \ \forall m_2(x) \in P_{n-1} :$$
  $$\big(m_1(x) + m_2(x)\big) \bmod p(x) = m_1(x) + m_2(x) \in P_{n-1}.$$

D'autre part le produit de deux éléments $m_1(x)$ et $m_2(x)$ de P_{n-1} appartient à P, sa division par $p(x)$ s'écrit :

$$\begin{aligned} m_1(x)m_2(x) &= p(x)q(x) + r(x) \\ &\text{avec } r(x) = 0 \text{ ou } \deg(r) < \deg(p). \end{aligned} \qquad (11)$$

On définit alors

- **une multiplication modulo $p(x)$**
  le *produit modulo $p(x)$* de $m_1(x)$ et $m_2(x)$ étant le polynôme $r(x)$ de P_{n-1}, reste de la division ci-dessus ; on le note :

$$\bigl(m_1(x)m_2(x)\bigr) \bmod p(x) \quad \text{ou} \quad m_1 m_2 \bmod p.$$

Règles de calcul

Pour alléger les notations, notons dans les développements, un polynôme par une seule lettre.

Le produit mod p de deux polynômes m_1, m_2 de P_{n-1}, peut s'effectuer :

— soit en appliquant la définition :

$$m_1 m_2 = pq + r \Longrightarrow m_1 m_2 \bmod p = r,$$

— soit par étapes en remarquant que :

$$\begin{aligned} m_1 &= pq_1 + r_1 \\ m_2 &= pq_2 + r_2 \\ m_1 m_2 &= p(q_1 r_2 + q_2 r_1 + pq_1 q_2) + r_1 r_2 \\ r_1 r_2 &= pq + r \\ \Longrightarrow \quad m_1 m_2 \bmod p &= r_1 r_2 \bmod p = r. \end{aligned}$$

Avec l'addition et la multiplication modulo $p(x)$, P_{n-1} possède maintenant une structure d'"anneau" ; il est à la fois un anneau et un espace vectoriel, on l'appelle une "algèbre".

Notation

On utilisera la notation $\boldsymbol{B[x]}$ pour P et $\boldsymbol{B[x]/p(x)}$ pour P_{n-1} pour faire référence à la structure d'anneau ou d'algèbre.
On pourra garder la notation P_{n-1} pour parler spécialement de l'espace vectoriel ou simplement de l'ensemble des polynômes de degré inférieur ou égal à $(n-1)$ et du polynôme nul.

4.2 Structure d'idéal d'un code polynomial

Soit $p(x)$ un polynôme binaire de degré n, soit l'anneau $A = B[x]/p(x)$, c'est-à-dire P_{n-1} muni de l'addition des polynômes binaires et de la multiplication modulo $p(x)$ et soit $\mathscr{C}$ un code polynomial de longueur n, de générateur $g(x)$. Les mots du code peuvent être décrits à l'aide de produits modulo $p(x)$.

4.2.1 Produit modulo $p(x)$ des polynômes de P_{n-1} par $g(x)$

PROPOSITION 5

⟦ Dans $B[x]/p(x)$, le code polynomial $\mathcal{C}$ engendré par $g(x)$ est l'ensemble $\mathcal{I}$ des produits modulo $p(x)$ des polynômes de P_{n-1} par $g(x)$ si et seulement si $g(x)$ divise $p(x)$. ⟧

DÉMONSTRATION

Soit
$$\begin{aligned} \mathcal{C} &= \{i(x)g(x), \quad i(x) \in P_{r-1}\} \\ \mathcal{I} &= \{m(x)g(x) \bmod p(x), \quad m(x) \in P_{n-1}\}. \end{aligned} \quad (12)$$

a) Supposons que $p(x) = g(x)\gamma(x)$, montrons que dans ce cas : $\mathcal{C} = \mathcal{I}$.

— Il est évident que $\mathcal{C} \subset \mathcal{I}$, en effet :

$$c \in \mathcal{C} \iff c = ig,\ i \in P_{r-1}$$
or $\deg(c) < n \implies ig \bmod p = ig$
et $i \in P_{r-1} \implies i \in P_{n-1}$
d'où $c = ig \bmod p,\ i \in P_{n-1}$
c'est-à-dire $c \in \mathcal{I}.$

— D'autre part soit $s \in \mathcal{I}$,
$$s = (mg) \bmod p,\ m \in P_{n-1}$$
$$\iff mg = kp + s$$
avec $s = 0$ ou $\deg(s) < \deg(p) = n$

- si $s = 0$ alors s appartient à $\mathcal{C}$;
- si $s \neq 0$, on a, puisque $p = g\gamma$ par hypothèse :

$$\begin{aligned} mg &= kg\gamma + s \\ s &= (m + k\gamma)g \\ \deg(m + k\gamma) &= \deg(s) - \deg(g) \\ &\leq n - 1 - (n - r) = r - 1 \end{aligned}$$

$(m + k\gamma)$ est un élément i de P_{r-1} et $s = ig$ appartient à $\mathcal{C}$.

Donc $\mathcal{I} \subset \mathcal{C}$.

b) Réciproquement, soit $\mathcal{C} = \mathcal{I}$, on a

dans $B[x]$:
$$p = gq + r$$
avec $r = 0$ ou $deg(r) < deg(g)$
et $q = 0$ ou $deg(q) = deg(p) - deg(g) \leq n - 1$;

dans $B[x]/p(x)$:
$$0 = (gq) \bmod p + r.$$

Donc $q \in P_{n-1}$ et $r = (gq) \bmod p$ appartient à $\mathcal{I}$ donc au code par hypothèse, ce qui n'est possible que s'il est nul, car aucun mot de code ne peut être de degré inférieur au degré de g, d'où :

$$p = g\,q.$$

4.2.2 Produit modulo $p(x)$ des polynômes de P_{n-1} par $c(x)$

PROPOSITION 6

Soit $\mathscr{C}$ un code polynomial dans $B[x]/p(x)$, le produit modulo $p(x)$ d'un mot $c(x)$ du code par tout polynôme de P_{n-1} appartient au code.

Il est évident, d'après la proposition 5, que cette propriété est vérifiée pour le polynôme de code $g(x)$.

Plus généralement

$$\forall c(x) \in \mathscr{C}, \forall m(x) \in P_{n-1} : \bigl(m(x)c(x)\bigr) \bmod p(x) \in \mathscr{C}. \tag{13}$$

En effet :

$$\begin{aligned}(mc) \bmod p &= (mig) \bmod p, \quad i \in P_{r-1} \\ &= \bigl((mi) \bmod p\bigr)\bigl(g \bmod p\bigr) \bmod p.\end{aligned}$$

Or $g \bmod p = g$, car $\deg(g) < n$ et en posant $m^* = (mi) \bmod p$, on a :

$$\begin{aligned}(mc) \bmod p &= (m^*g) \bmod p, \quad m^* \in \mathcal{P}_{n-1} \\ &\in \mathscr{C}.\end{aligned}$$

□

Le code $\mathscr{C}$ étant stable par addition (il est linéaire) et vérifiant la propriété (13) possède une structure appelée "idéal" de l'anneau $B[x]/p(x)$.

Remarquons que pour tout code polynomial de longueur n, de générateur $g(x)$, il existe un polynôme $p(x)$ de degré n tel que $g(x)$ divise $p(x)$. Il suffit de prendre $p(x) = g(x)h(x)$, avec $\deg(h) = n - \deg(g)$. On peut donc énoncer la caractérisation suivante des codes polynomiaux :

PROPOSITION 7

Tout code polynomial est un idéal d'un anneau $B[x]/p(x)$ tel que le générateur du code est un diviseur non trivial de $p(x)$.

Nous exclurons en effet les deux diviseurs suivants, appelés triviaux :

- $p(x)$, car $g(x) = p(x)$ serait alors de degré n et ne peut donc pas convenir ;
- 1, car si $g(x) = 1$ chaque mot d'information est codé par lui-même, ce qui manque d'intérêt.

Exemple 6

Soit l'anneau $A = B[x]/(x^5 + x^4)$, on peut écrire :

$$p(x) = x^5 + x^4 = (x^2 + x)x^3.$$

Le générateur $g(x) = (x^2 + x)$ du code $\mathscr{C}p_{5,3}$ précédent, divise $(x^5 + x^4)$.

- Considérons par exemple dans A le polynôme $m(x) = (x^4 + x^3 + x + 1)$, alors $m(x)g(x) \bmod (x^5 + x^4)$ est un mot de code, en effet :

$$\begin{aligned} m(x)g(x) &= (x^4 + x^3 + x + 1)(x^2 + x) \\ &= x^6 + x^4 + x^3 + x \\ &= (x^5 + x^4)(x + 1) + x^3 + x \\ m(x)g(x) \bmod (x^5 + x^4) &= x^3 + x \end{aligned}$$

qui appartient bien au code puisque $x^3 + x = (x^2 + x)(x + 1)$.

- De même on peut vérifier que le produit $\bmod(x^5 + x^4)$ de $c(x) = (x^3 + x)$ et, par exemple, du polynôme $(x^3 + x + 1)$ appartient aussi au code :

$$\begin{aligned} c(x)m(x) &= (x^3 + x)(x^3 + x + 1) = x^6 + x^3 + x^2 + x \\ c(x)m(x) \bmod (x^5 + x^4) &= (x^4 + x^3 + x^2)(x^2 + x) \\ &\in \mathcal{C}. \end{aligned}$$

Remarque

Il existe autant d'anneaux $B[x]/p(x)$, que de polynômes $p(x)$ de degré n ; $g(x)$ peut diviser plusieurs polynômes $p(x)$ de degré n et donc un même code peut être considéré comme idéal de plusieurs anneaux.

4.3 Intérêt de cette représentation

Notons plusieurs avantages. Une conséquence immédiate de la divisibilité de $p(x)$ par $g(x)$ est la mise en évidence d'un *polynôme de contrôle* des mots de code.

Polynôme de contrôle

Comme nous l'avons déjà remarqué les mots de code sont caractérisés :
— soit par leur loi de formation,
— soit par une méthode de contrôle.

Puisque $g(x)$ divise $p(x)$, il existe un unique polynôme $\gamma(x)$, de degré r, tel que $p(x) = g(x)\gamma(x)$ qui autorise la deuxième démarche ; on l'appelle *le polynôme de contrôle* du code, comme le prouve le théorème suivant.

THÉORÈME 1

Pour tout code polynomial $\mathcal{C}p_{n,r}$ de longueur n situé dans $B[x]/p(x)$, il existe un polynôme $\gamma(x)$ unique, de degré r, tel que $c(x)$ est un mot de code si et seulement si $\gamma(x)c(x) \bmod p(x) = 0$.

DÉMONSTRATION

Soit $\mathcal{C}$ un code $\mathcal{C}p_{n,r}$, considérons le polynôme $\gamma(x)$ tel que :

$$p(x) = \gamma(x)g(x), \tag{14}$$

il est de degré : $n - \deg(g) = r$.

a) Soit $c = mg \mod p$ un polynôme du code :
$$\begin{aligned} \gamma c \mod p &= \gamma m g \mod p \\ &= m(\gamma g) \mod p = mp \mod p = 0. \end{aligned}$$

b) Soit un polynôme m de P_{n-1} tel que : $\gamma m \mod p = 0$, ce qui signifie que γm est un multiple de p c'est-à-dire :
$$\gamma m = pq = (\gamma g)q.$$

Le polynôme γ est non nul car de degré r, donc :
$$m = gq,$$

– si $m = 0$, il appartient au code,
– sinon, le degré de m étant inférieur ou égal à $(n-1)$, on a :
$$\begin{aligned} gq &= gq \mod p \\ m &= gq \mod p, \quad q \in P_{n-1} \\ \Longrightarrow m &\in \mathscr{C}. \end{aligned}$$

□

Exemple 7

Dans $B[x]/(x^5 + x^4)$, le code $\mathscr{C}p_{5,3}$, étudié exemple 6, de générateur $(x^2 + x)$ a pour polynôme de contrôle : $\gamma(x) = x^3$. On peut vérifier par exemple que :

– $c(x) = x^4 + x^3 + x^2 + x$ est un polynôme de code, en effet :
$$\begin{aligned} x^3 c(x) &= x^7 + x^6 + x^5 + x^4 \\ &= (x^5 + x^4)(x^2 + 1) \\ x^3 c(x) \mod (x^5 + x^4) &= 0 \,; \end{aligned}$$

– $m(x) = x^4 + x^3 + x^2 + x + 1$ n'est pas un polynôme de code car :
$$\begin{aligned} x^3 m(x) &= (x^5 + x^4)(x^2 + 1) + x^3 \\ x^3 m(x) \mod (x^5 + x^4) &= x^3. \end{aligned}$$

Remarque

Puisque $(x^n + 1) = g(x)\gamma(x)$, il existe dans P_{n-1} un code polynomial engendré par γ, $\mathscr{C}p_{n,n-r}(\gamma)$.

Domaine de recherche

L'intérêt principal de la représentation des codes par des idéaux est que, pour améliorer leurs qualités de contrôle et surtout de correction d'erreur, deux champs de recherche peuvent être exploités en décidant judicieusement :
– du choix de $p(x)$, définissant l'anneau $B[x]/p(x)$;
– du choix de $g(x)$, parmi les diviseurs de $p(x)$.

Conclusion

La représentation polynomiale des n-uples binaires permet d'utiliser l'algèbre des polynômes, dans l'élaboration des codes.

Codage

Un code polynomial étant un code linéaire exprimé sous forme polynomiale et engendré par un seul polynôme $g(x)$, sa construction s'en trouve simplifiée. Ainsi :

— tout polynôme d'information $i(x)$ peut être codé par

$$c(x) = i(x)g(x) \ ;$$

— dans un codage systématique $i(x)$ est codé par :

$$\begin{array}{ll} x^{n-r}i(x) \ + \ k(x) \\ \quad \text{avec} \quad k(x) = x^{n-r} \mod g(x). \end{array}$$

Deux matrices génératrices sont particulièrement intéressantes pour la définition d'un code polynomial :

— la matrice caractéristique construite à partir du polynôme générateur :

$$g(x) = x^{n-r} + g_{r+1} x^{n-(r+1)} + \cdots + g_n$$

$$G(g) = \begin{pmatrix} 1 & 0 & \cdots & 0 \\ g_{r+1} & \ddots & \ddots & \vdots \\ \vdots & \ddots & 1 & 0 \\ g_n & \ddots & g_{r+1} & 1 \\ 0 & \ddots & \ddots & g_{r+1} \\ \vdots & \ddots & g_n & \vdots \\ 0 & \cdots & 0 & g_n \end{pmatrix}$$

— la matrice normalisée, tout code polynomial pouvant être construit par un codage systématique.

$$G = \left(\begin{array}{c} I_r \\ --- \\ K_{s,r} \end{array} \right).$$

Codes polynomiaux

Contrôle

Il s'effectue :

— de manière simple, propre aux codes polynomiaux, en divisant le message $m(x)$ par $g(x)$;

— de manière classique, à l'aide d'une matrice de contrôle comme pour tout code linéaire ;

— enfin si l'on identifie P_{n-1} à l'algèbre $B[x]/p(x)$ où $p(x)$ est un polynôme de degré n, le contrôle utilise le polynôme $\gamma(x)$, de degré r tel que :

$$p(x) = g(x)\gamma(x)$$

qui caractérise les mots de codes par la relation :

$$\gamma(x)c(x) = 0 \mod p(x) \iff c(x) \in \mathcal{C}p_{n,r}.$$

Détection d'erreur

La détection des messages erronés dépend de la nature du polynôme générateur du code. Les codes polynomiaux peuvent, suivant le choix de $g(x)$, posséder de bonnes qualités de détection d'erreur.

Correction d'erreur

Comme nous l'avons vu au chapitre précédent, la capacité de correction est fonction de la distance minimale, difficile à déterminer ; cependant nous verrons comment :

— particulariser $p(x)$ pour évaluer rapidement la capacité de *correction* d'un code polynomial, en créant les *codes cycliques* ;

— choisir $g(x)$ pour obtenir une capacité de correction minimum garantie, avec les *codes BCH*.

Exercices

Exercice 1

Soit $\mathcal{C}$ le code linéaire $\mathcal{C}\ell_{3,2}$ de matrice génératrice :

$$G = \begin{pmatrix} 1 & 1 \\ 0 & 1 \\ 1 & 0 \end{pmatrix}.$$

1) Montrer que le code est polynomial.

2) Donner les matrices génératrices caractéristique et normalisée du code.

3) Décrire tous les codes polynomiaux $\mathcal{C}p_{3,2}$.

---

1) La matrice G n'ayant pas la forme d'une matrice caractéristique d'un code polynomial, il est nécessaire de vérifier que tous les polynômes de code sont multiples d'un polynôme générateur. Le code étant linéaire il suffit de faire cette vérification sur une base du code, par exemple l'ensemble des colonnes de G, or :

$$\begin{array}{rcl} (1,0,1) \text{ correspond à } & x^2 + 1 & = (x+1)^2 \\ (1,1,0) \quad\quad\text{ à } & x^2 + x & = (x+1)\,x. \end{array}$$

Leur seul diviseur commun non trivial, $(x+1)$, est le générateur du code.

2) On en déduit la matrice caractéristique G_1 :

$$G_1 = \begin{pmatrix} 1 & 0 \\ 1 & 1 \\ 0 & 1 \end{pmatrix}$$

et la matrice normalisée, G_2, correspondant à un codage systématique du code :

$$G_2 = \begin{pmatrix} 1 & 0 \\ 0 & 1 \\ 1 & 1 \end{pmatrix}.$$

3) Les codes polynomiaux $\mathcal{C}p_{3,2}$ sont engendrés par des polynômes de degré 1, on distingue donc les deux codes suivants :

— le code de générateur $g(x) = x$, de matrice génératrice G_3, caractéristique et normalisée :

$$G_3 = \begin{pmatrix} 1 & 0 \\ 0 & 1 \\ 0 & 0 \end{pmatrix}$$

c'est-à-dire le code : $(0,0,0)$, $(1,0,0)$, $(0,1,0)$, $(1,1,0)$;

- le code de générateur $g(x) = (x+1)$ étudié ci-dessus,

  c'est-à-dire le code : $(0,0,0)$, $(1,0,1)$, $(0,1,1)$, $(1,1,0)$.

Remarque

Parmi les sept codes linéaires $\mathcal{C}\ell_{3,2}$ que l'on peut construire (voir II Exercice 6), deux sont polynomiaux.

Exercice 2

Soit $\mathcal{C}$ un code polynomial obtenu par codage systématique, de générateur :
$$g(x) = x^3 + x^2 + x + 1.$$

1) Donner la longueur s de la clé de contrôle des mots du code.

2) Donner la matrice génératrice normalisée $G_{5,2}$ du code $\mathcal{C}p_{5,2}$ de générateur $g(x)$.

3) Déduire de $G_{5,2}$ les matrices génératrices normalisées des codes $\mathcal{C}p_{6,3}$ et $\mathcal{C}p_{7,4}$ ayant le même générateur $g(x)$.

4) Construire les matrices génératrices caractéristiques des trois codes polynomiaux $\mathcal{C}p_{5,2}$, $\mathcal{C}p_{6,3}$ et $\mathcal{C}p_{7,4}$ de même générateur $g(x)$.

---

1) La longueur de la clé de contrôle est égale au degré du polynôme générateur, soit :
$$s = n - r = 3.$$

Notons que pour tout n et tout r tels que $n - r = 3$, les clés de contrôle des codes $\mathcal{C}_{n,r}$ sont de longueur 3.

2) Puisque $r = 2$, l'ensemble des polynômes d'information est P_1. Le codage systématique fat correspondre à tout mot $i(x)$ de P_1 le mot de code :
$$c(x) = x^{n-r}i(x) + x^{n-r}i(x) \bmod g(x) = x^{n-r}i(x) + k(x).$$

Pour construire la matrice génératrice normalisée il suffit de construire les clés de contrôle $k(x) = x^{n-r}i(x) \bmod g(x)$ pour les éléments de la base canonique $\{e_i(x)\}$ de P_1, soit :

e_i	$e_i(x)$	$x^3 e_i(x)$	$x^3 e_i(x) \bmod g(x) = k(x)$	k
$(1,0)$	x	x^4	1	$(0,0,1)$
$(0,1)$	1	x^3	$x^2 + x + 1$	$(1,1,1)$

d'où :
$$G_{5,2} = \begin{pmatrix} 1 & 0 \\ 0 & 1 \\ 0 & 1 \\ 0 & 1 \\ 1 & 1 \end{pmatrix}.$$

3.a) Si $r = 3$, $P_{r-1} = P_2$ qui a pour base canonique :

e_i	$e_i(x)$
$(1,0,0)$	x^2
$(0,1,0)$	x
$(0,0,1)$	1

Les clés de contrôle des polynômes de base x et 1 (qui sont aussi éléments de P_1) sont calculées dans la question précédente, il suffit donc de calculer la clé de x^2, on a :

e_1	$e_1(x)$	$x^3 e_1(x)$	$x^3 e_1(x) \bmod g(x) = k(x)$	k
$(1,0,0)$	x^2	x^5	x	$(0,1,0)$

puisque
$$x^5 = (x^3 + x^2 + x + 1)(x^2 + x) + x.$$

D'où la matrice génératrice normalisée de $\mathscr{C}p_{6,3}$:

$$G_{6,3} = \begin{pmatrix} 1 & 0 & 0 \\ 0 & 1 & 0 \\ 0 & 0 & 1 \\ 0 & 0 & 1 \\ 1 & 0 & 1 \\ 0 & 1 & 1 \end{pmatrix}.$$

3.b) On note que $G_{6,3}$ s'obtient facilement à partir de la matrice $G_{5,2}$:
- en considérant $xg(x)$ et $g(x)$ qui codent les éléments de base x et 1 comme des éléments de P_5, ce qui transforme les vecteurs associés

  $(1,0,0,0,1)$ en $(0,1,0,0,0,1)$

  $(0,1,1,1,1)$ en $(0,0,1,1,1,1)$;

- en leur adjoignant le mot codant x^2 pour former une base du code.

Pour $\mathscr{C}p_{7,4}$ également engendré par $g(x)$, calculons la clé de x^3.

e_1	$e_1(x)$	$x^3 e_1(x)$	$x^3 e_1(x) \bmod g(x) = k(x)$	k
$(1,0,0,0)$	x^3	x^6	x^2	$(0,1,0,0)$

puisque
$$x^6 = (x^3 + x^2 + x + 1)(x^3 + x^2) + x^2.$$

En utilisant $G_{6,3}$ on obtient la matrice génératrice normalisée de $\mathscr{C}p_{7,4}$:

$$G_{7,4} = \begin{pmatrix} 1 & 0 & 0 & 0 \\ 0 & 1 & 0 & 0 \\ 0 & 0 & 1 & 0 \\ 0 & 0 & 0 & 1 \\ 1 & 1 & 0 & 1 \\ 0 & 1 & 0 & 1 \\ 0 & 0 & 1 & 1 \end{pmatrix}.$$

4) La construction des matrices génératrices caractéristiques de $\mathcal{C}p_{6,3}$ et $\mathcal{C}p_{7,4}$ à partir de la matrice caractéristique de $\mathcal{C}p_{5,2}$, est encore plus simple. Le générateur commun à ces codes $g(x) = (x^3 + x^2 + x + 1)$ s'écrivant sous forme vectorielle $(0,1,1,1,1)$ dans B^5, $(0,0,1,1,1,1)$ dans B^6 et $(0,0,0,1,1,1,1)$ dans B^7, on obtient :

$$G^\star_{5,2} = \begin{pmatrix} 1 & 0 \\ 1 & 1 \\ 1 & 1 \\ 1 & 1 \\ 0 & 1 \end{pmatrix} \; ; \; G^\star_{6,3} = \begin{pmatrix} 1 & 0 & 0 \\ 1 & 1 & 0 \\ 1 & 1 & 1 \\ 1 & 1 & 1 \\ 0 & 1 & 1 \\ 0 & 0 & 1 \end{pmatrix} \; ; \; G^\star_{7,4} = \begin{pmatrix} 1 & 0 & 0 & 0 \\ 1 & 1 & 0 & 0 \\ 1 & 1 & 1 & 0 \\ 1 & 1 & 1 & 1 \\ 0 & 1 & 1 & 1 \\ 0 & 0 & 1 & 1 \\ 0 & 0 & 0 & 1 \end{pmatrix}.$$

Exercice 3

Soit le code polynomial $\mathcal{C}p_{5,3}$ engendré par le polynôme $g(x) = x^2$.

1) Construire le code par codage systématique.

2) Tout polynôme du code s'écrivant :

$$c(x) = c_1 x^4 + c_2 x^3 + c_3 x^2 + c_4 x + c_5,$$

montrer que les erreurs de poids 1 situées sur les bits c_4 et c_5 sont détectées et que les autres erreurs de poids 1 ne peuvent pas l'être.

3) Quelles erreurs de poids 2 peut-on détecter ?

4) Toutes les erreurs de poids impair sont-elles détectées?

---

1) Le tableau suivant décrit la construction du code :

i	$i(x)$	$c(x) = x^2 i(x)$ $+k(x)$	c
$(0,0,0)$	0	0 $+0$	$(0,0,0,0,0)$
$(0,0,1)$	1	x^2 $+0$	$(0,0,1,0,0)$
$(0,1,0)$	x	x^3 $+0$	$(0,1,0,0,0)$
$(0,1,1)$	x $+1$	x^3 $+x^2$ $+0$	$(0,1,1,0,0)$
$(1,0,0)$	x^2	x^4 $+0$	$(1,0,0,0,0)$
$(1,0,1)$	x^2 $+1$	x^4 $+x^2$ $+0$	$(1,0,1,0,0)$
$(1,1,0)$	x^2 $+x$	x^4 $+x^3$ $+0$	$(1,1,0,0,0)$
$(1,1,1)$	x^2 $+x$ $+1$	x^4 $+x^3$ $+x^2$ $+0$	$(1,1,1,0,0)$

2) Le polynôme générateur $g(x) = x^2$ divise x^2, x^3 et x^4 d'où : les erreurs de poids 1 situées sur l'un des bits : c_3, c_2 ou c_1 ne sont pas détectées.

Il ne divise ni 1 ni x donc seules les erreurs de poids 1 situées sur les bits c_4 ou c_5 signalent que le message est erroné.

Remarque

Ce résultat est évident, en effet,
- tous les mots de code ont la même clé,
- leurs trois premiers bits forment toutes les configurations des blocs d'information,

une erreur de poids 1 affectant l'un de ces trois bits transforme donc un mot de code émis en un autre mot de code et l'erreur n'est pas reconnue. Les seules erreurs de poids 1 détectables se situent sur l'une des deux dernières positions du message.

3) Les erreurs de poids deux, c'est-à-dire de la forme :

$$\begin{aligned} e(x) &= x^j + x^k & \text{avec } 0 \leq k < j \leq 4 \\ &= x^k(x^{j-k} + 1) & \text{avec } 1 \leq j - k \leq 4 \\ & & \text{c'est-à-dire } 1 \leq j \leq 4 \text{ et } 0 \leq k \leq 3 \end{aligned}$$

sont répertoriées ci-dessous :

$x^j \to$ $x^k \downarrow$	x^4	x^3	x^2	x
x^3	$x^3(x+1)$			
x^2	$x^2(x^2+1)$	$x^2(x+1)$		
x	$x(x^3+1)$	$x(x^2+1)$	$x(x+1)$	
1	(x^4+1)	(x^3+1)	(x^2+1)	$(x+1)$

Le générateur $g(x) = x^2$ ne divise aucun polynôme $(x^{j-k} + 1)$ donc pour qu'une erreur de poids 2 soit détectée il suffit que $g(x)$ ne divise pas x^k, $0 \leq k \leq 3$, ce qui se produit uniquement pour :

$$x^k = 1 \text{ et } x^k = x.$$

Donc les erreurs de poids 2 détectées sont celles qui figurent sur les deux dernières lignes du tableau ci-dessus.

Remarque

On voit aisément qu'un message ayant une erreur de poids 2 est détecté si l'un au moins des bits erronés appartient à la clé de contrôle, c'est-à-dire si les erreurs sont :

$$\begin{aligned} & x^4 + x, \ x^3 + x, \ x^2 + x, \\ & x^4 + 1, \ x^3 + 1, \ x^2 + 1, \ x + 1. \end{aligned}$$

4) Les erreurs de poids impair ne sont pas toutes détectées $g(x) = x^2$ n'étant pas un multiple de $(x + 1)$.

On peut également affirmer ce résultat en remarquant que, d'après 1), déjà les erreurs de poids 1 ne sont pas toutes détectées.

Exercice 4

Soit $g(x) = x^3 + x + 1$ le polynôme générateur d'un code polynomial de longueur 6.

1) Quelle longueur de mots d'information code-t-il ?

2) Évaluer le pourcentage de messages erronés reconnus comme tels parmi tous les messages erronés possibles, pour des erreurs par bit indépendantes et de probabilité $p = 0,1$.

---

1) Le polynôme générateur est de degré 3, la dimension du code est donc $r = 6 - 3 = 3$. Il s'agit d'un code $\mathcal{C}p_{6,3}$.

2) Erreur détectée

a) Le polynôme générateur $(x^3 + x + 1)$ ayant plus d'un terme ne divise donc aucun monôme x^k, donc :

toutes les erreurs de poids 1 sont détectées.

b) Les erreurs de poids 2 sont de la forme $x^j + x^k = x^k(x^{j-k} + 1)$, avec $j > k$.
On a vu que $g(x)$ ne divise aucun monôme x^k.

D'autre part il est évident que :

$x^3 + x + 1$ ne divise ni $(x+1)$, ni (x^2+1), ni (x^3+1) ;

il ne divise pas non plus (x^4+1) ni (x^5+1), puisque :

$$x^4 + 1 = (x^3 + x + 1)x + (x^2 + x + 1)$$
$$x^5 + 1 = (x^3 + x + 1)(x^2 + 1) + (x^2 + x) \ ;$$

toutes les erreurs de poids deux sont donc détectées.

c) Le polynôme générateur $g(x) = (x^3 + x + 1)$ n'est pas multiple de $(x+1)$, en effet :

$$x^3 + x + 1 = (x+1)(x^2 + x) + 1 \ ;$$

les erreurs de poids impair ne sont pas toutes détectées.

En tenant compte du résultat de a) on peut préciser que les erreurs de poids impair supérieur à 1 ne sont pas toutes détectées.

Probabilité d'erreur détectée

Soit X le poids de l'erreur dans un message, et p_{det} la probabilité d'erreur détectée, on a :

$$p_{det} \geq \Pr(X = 1) + \Pr(X = 2).$$

Pour $p = 0,1$ et donc $q = 0,9$, on obtient :

$$\Pr(X = 1) + \Pr(X = 2) = C_6^1 pq^5 + C_6^2 p^2 q^4 = 0,45.$$

La probabilité d'erreur est
$$p_{err} = 1 - q^6 = 0,47.$$

Dans l'ensemble des messages erronés le pourcentage de messages reconnus comme tels est au minimum égal à :
$$\frac{0,45}{0,47} \quad \text{soit} \quad 96\%.$$

Exercice 5

Soit un code polynomial de longueur 5, et $g(x) = (x^3+x^2+x+1)$ son polynôme générateur.

1) Montrer que le message $m(x) = (x^4 + x^3 + x^2 + x)$ est un polynôme de code. Avec quelle probabilité est-il correctement transmis ?

2) S'il est accepté comme correct, bien qu'il soit cependant erroné, que peut-on dire du poids de son erreur ?

3) Donner l'ensemble des mots du code, préciser leur poids et retrouver les résultats de la question précédente.

4) De quel mot de code émis, le message (0,1,1,1,1), s'il est erroné, peut-il provenir et avec quelle probabilité ?

---

1) Le polynôme générateur $g(x)$ est de degré $(n-r) = 3$, la longueur des blocs d'information est donc :
$$r = 5 - 3 = 2.$$

Le code est de type $\mathcal{C}p_{5,2}$.

a) Le message : $m(x) = (x^4 + x^3 + x^2 + x)$ est un polynôme de code, puisqu'il est multiple de $g(x)$, en effet :
$$x^4 + x^3 + x^2 + x = (x^3 + x^2 + x + 1)x.$$

b) $m(x)$ est correctement transmis si le message ne comporte aucune erreur, ce qui se produit avec la probabilité :
$$p(0) = P(X = 0) = 1 - (1-p)^5$$

p étant la probabilité d'erreur sur un bit et les erreurs indépendantes.

2) Un message erroné peut avoir, a priori : 1, 2, 3, 4 ou 5 erreurs. On remarque que :

a) toutes les erreurs de poids impair sont détectées, $g(x)$ étant multiple de $(x+1)$:
$$x^3 + x^2 + x + 1 = (x+1)(x^2+1) \;;$$

b) toutes les erreurs de poids 2 ne sont pas détectées, en effet $g(x)$ est un diviseur du polynôme d'erreur $e(x) = x^4 + 1$:
$$x^4 + 1 = (x^3 + x^2 + x + 1)(x+1) \;;$$

c) nous n'avons pas de renseignement sur la détection des erreurs de poids 4.

En conclusion si le message est erroné et semble correct, on peut affirmer que

le message ne peut pas avoir d'erreur de poids impair.

3) La fonction : $f : i(x) \to i(x)(x^3 + x^2 + x + 1)$ construit le code $\mathcal{C}p_{5,2}$ suivant dont le poids $w(c)$ des mots est inscrit dans la dernière colonne du tableau.

i	$i(x)$	$c(x) = i(x)(x^3 + x^2 + x + 1)$	c	$w(c)$
(0,0)	0	0	(0,0,0,0,0)	0
(0,1)	1	$x^3 + x^2 + x + 1$	(0,1,1,1,1)	4
(1,0)	x	$x^4 + x^3 + x^2 + x$	(1,1,1,1,0)	4
(1,1)	$x + 1$	$x^4 \hspace{3em} + 1$	(1,0,0,0,1)	2

Un message erroné est non reconnu si et seulement si le polynôme d'erreur $e(x)$ est un mot de code. Aucun mot du code n'est de poids impair, donc :

les erreurs de poids impair sont toutes détectées.

Les erreurs non détectées sont :
- soit de poids 2, il s'agit de l'erreur $(x^4 + 1)$;
- soit de poids 4, c'est-à-dire les erreurs $(x^3 + x^2 + x + 1)$ et $(x^4 + x^3 + x^2 + x)$.

4) Le polynôme correspondant à (0,1,1,1,1) est : $x^3 + x^2 + x + 1$, il s'agit de $g(x)$, il est donc accepté comme exact. Si cependant il ne l'est pas, il porte une erreur de poids pair.

Si l'erreur est de poids 2, $e(x)$ est le polynôme de code $c_1(x) = (x^4 + 1)$, le mot de code émis était donc
$$\begin{aligned} m(x) + e(x) &= (x^3 + x^2 + x + 1) + (x^4 + 1) \\ &= x^4 + x^3 + x^2 + x \quad \text{ou} \quad (1,1,1,1,0). \end{aligned}$$

Si l'erreur est de poids 4, $e(x)$ est l'un des polynômes de code :
- $c_2(x) = (x^3 + x^2 + x + 1)$ d'où le mot de code émis
$$(x^3 + x^2 + x + 1) + (x^3 + x^2 + x + 1) = 0 \quad \text{ou} \quad (0,0,0,0,0)$$
- $c_3(x) = (x^4 + x^3 + x^2 + x)$ d'où le mot de code émis :
$$(x^3 + x^2 + x + 1) + (x^4 + x^3 + x^2 + x) = x^4 + 1 \quad \text{ou} \quad (1,0,0,0,1).$$

La probabilité que m erroné ne soit pas détecté est : $p^2 q^3 + 2 p^4 q$, si la situation est un schéma de Bernoulli. Dans ce cas, m provient de

$$x^4 + x^3 + x^2 + x \quad \text{avec la probabilité} \quad p_1 = \frac{p^2 q^3}{p^2 q^3 + 2 p^4 q}$$

$$0 \quad \text{avec la probabilité} \quad p_2 = \frac{p^4 q}{p^2 q^3 + 2 p^4 q}$$

$$x^4 + 1 \quad \text{avec la probabilité} \quad p_3 = \frac{p^4 q}{p^2 q^3 + 2 p^4 q}.$$

Pour $p = 0,1$ qui vérifie la condition $np = 5 \times 0,1 < 1$, on obtient :
$$p_1 = \frac{81}{83} \qquad p_2 = p_3 = \frac{1}{83}.$$

Si le mot de code reçu n'est pas le mot de code émis, la probabilité que son erreur soit de poids 2 est $\frac{81}{83}$, largement supérieure à celle d'être de poids 4 : $\frac{2}{83}$.

Exercice 6

1) Donner tous les codes polynomiaux de longueur 3 en les caractérisant par leur polynôme générateur.

2) Donner le nombre d'anneaux $B[x]/p(x)$, avec $p(x)$ de degré 3, en précisant $p(x)$.

3) Retrouver les codes polynomiaux de longueur 3, à partir des diviseurs des polynômes $p(x)$ de la question 2).

4) Décrire les codes de longueur 3 dont le générateur est un diviseur non trivial de (x^3+1).

---

1) Si n est la longueur et r la dimension d'un code linéaire on a : $n > r > 0$, les codes polynomiaux de longueur 3 comprennent donc :

- les codes de dimension 2 dont le polynôme générateur est de degré $(n-r) = 1$; c'est-à-dire les codes $\mathcal{C}p_{3,2}$ suivants :

Code	Générateur
$\mathcal{C}_1$	x
$\mathcal{C}_2$	$x+1$

- les codes de dimension 1, dont le polynôme générateur est de degré 2, soit les codes $\mathcal{C}p_{3,1}$ suivants :

Code	Générateur
$\mathcal{C}_3$	x^2
$\mathcal{C}_4$	x^2+1
$\mathcal{C}_5$	x^2+x
$\mathcal{C}_6$	x^2+x+1

les codes polynomiaux de longueur 3 sont donc au nombre de 6.

2) Le nombre de polynômes de degré 3 est égal au nombre de polynômes de P_2, soit 2^3, il suffit en effet d'ajouter x^3 à chacun de ces derniers pour les obtenir tous.

Il y a donc 8 anneaux $B[x]/p(x)$ où $p(x)$, de degré 3, est l'un des polynômes suivants :

$$x^3, \qquad x^3+1,$$
$$x^3+x, \qquad x^3+x+1,$$
$$x^3+x^2, \qquad x^3+x^2+1,$$
$$x^3+x^2+x, \qquad x^3+x^2+x+1.$$

3) Un code polynomial est un idéal d'un anneau $A = B[x]/p(x)$, engendré par un diviseur de $p(x)$.

Le tableau suivant donne les diviseurs des différents polynômes $p(x)$ énumérés au 2), autres que les diviseurs triviaux : 1 et $p(x)$.

$p(x)$	Diviseurs de $p(x)$
x^3	x x^2
x^3+1	$x+1$ x^2+x+1
x^3+x	x $x+1$ x^2+1 x^2+x
x^3+x+1	
x^3+x^2	x $x+1$ x^2 x^2+x
x^3+x^2+1	
x^3+x^2+x	x x^2+x+1
x^3+x^2+x+1	$x+1$ x^2+1

Les polynômes pouvant être générateurs de codes polynomiaux sont :

$$x \; ; \; x+1 \; ; \; x^2 \; ; \; x^2+1 \; ; \; x^2+x \; ; \; x^2+x+1.$$

Ce sont les polynômes générateurs des codes trouvés au 1).

On note que chaque code peut être considéré comme idéal de plusieurs anneaux :
$\mathscr{C}_1$ par exemple, de générateur x, est un idéal de

$$B[x]/x^3, \quad B[x]/(x^3+x), \quad B[x]/(x^3+x^2), \quad B[x]/(x^3+x^2+x).$$

4) Les codes polynomiaux de longueur 3, ayant pour générateur un diviseur non trivial de (x^3+1), sont les idéaux de $B[x]/(x^3+1)$, soit d'après la deuxième ligne du tableau ci-dessus :

le code $\mathscr{C}p_{3,2}$ de générateur $g(x) = x+1$ noté $\mathscr{C}_2$ dans 1)
le code $\mathscr{C}p_{3,2}$ de générateur $g(x) = x^2+x+1$ noté $\mathscr{C}_6$ dans 1).

On obtient :

— le code $\mathscr{C}_2$

i	$i(x)$	$c(x)$	c
$(0,0)$	0	0	$(0,0,0)$
$(0,1)$	1	$x+1$	$(0,1,1)$
$(1,0)$	x	x^2+x	$(1,1,0)$
$(1,1)$	$x+1$	x^2+1	$(1,0,1)$

— le code $\mathscr{C}_6$

i	$i(x)$	$c(x)$	c
0	0	0	$(0,0,0)$
1	1	x^2+x+1	$(1,1,1)$

Exercice 7

Soit l'algèbre $A = B[x]/p(x)$ avec $p(x) = (x^5 + x)$.

1) Montrer qu'il existe dans A un code polynomial de générateur $(x^2 + 1)$.

2) Examiner à l'aide du polynôme générateur puis du polynôme de contrôle si les messages $m = (x^4 + x^3 + x^2 + x + 1)$ et $m^\star = (x^3 + x^2 + x + 1)$ sont des mots du code.

---

1) Les éléments de A sont les éléments de P_4. Le polynôme $(x^2 + 1)$ est un diviseur de $(x^5 + x)$, en effet,
$$x^5 + x = x(x^2 + 1)^2,$$
il engendre donc un code polynomial $\mathcal{C}p_{5,3}$ dans P_4.

2.a) Contrôle des messages à l'aide de $g(x)$

Calculons le reste de la division des messages par $g(x)$, on obtient :
- $m(x) = x^4 + x^3 + x^2 + x + 1 = (x^2 + 1)(x^2 + x) + 1$,

donc $m(x) \bmod g(x) \neq 0$, le message m n'est pas un mot de code.
- $m^\star(x) = x^3 + x^2 + x + 1 = (x^2 + 1)(x + 1)$,

le message $m^\star$ est un mot de code.

2.b) Contrôle des messages à l'aide de $\gamma(x)$

On a
$$x^5 + x = (x^2 + 1)(x^3 + x) = g(x)\gamma(x),$$
le polynôme de contrôle du code est donc :
$$\gamma(x) = x^3 + x.$$

Soit le produit des messages par $\gamma(x)$
- $m(x)\gamma(x) = (x^4 + x^3 + x^2 + x + 1)(x^3 + x) = x^7 + x^6 + x^2 + x$.

Calculons le reste de la division de $m(x)\gamma(x)$ par $p(x)$, il vient :
$$\begin{aligned} x^7 + x^6 + x^2 + x &= (x^5 + x)(x^2 + x) + x^3 + x \\ m(x)\gamma(x) \bmod (x^5 + x) &= x^3 + x \neq 0, \end{aligned}$$

le message $m(x) = (x^4 + x^3 + x^2 + x + 1)$ n'est donc pas un mot de code.
- $m^\star(x)\gamma(x) = (x^3 + x^2 + x + 1)(x^3 + x) = x^6 + x^5 + x^2 + x = (x^5 + x)(x + 1)$,

le message $m^\star(x)$ appartient au code.

Remarque

On note que les deux fonctions :

$$\begin{array}{llll} S_1 & \text{qui à} & m(x) & \text{fait correspondre} \quad S_1(m) = m(x) \bmod g(x) \\ S_2 & \text{qui à} & m(x) & \text{fait correspondre} \quad S_2(m) = m(x)\gamma(x) \bmod p(x) \end{array}$$

sont des fonctions syndromes différentes.

CHAPITRE V

Présentation des codes cycliques

Parmi les codes linéaires, les codes cycliques ont la propriété d'être stables par permutation circulaire des mots. Ce sont des codes polynomiaux dont le polynôme générateur $g(x)$ divise $(x^n + 1)$ où n est la longueur du code. Cette particularité permet la construction immédiate d'une matrice de contrôle caractéristique de ce type de code et une simplification de la méthode de correction automatique. Pour la détermination des codes cycliques de longueur n, la connaissance des diviseurs de $(x^n + 1)$ est essentielle, nous montrerons au chapitre suivant comment les obtenir.

1 Définition

On peut donner plusieurs définitions des codes cycliques. Le concept de base les caractérise parmi les codes linéaires par une propriété de cyclicité décrite ci-dessous.

1.1 Cyclicité d'un code

Permutations circulaires

Une "permutation circulaire" de la suite $a = a_1, a_2 \ldots, a_n$ consiste à décaler (vers la droite ou vers la gauche) les n éléments a_i comme s'ils étaient situés sur un cercle. Ainsi une permutation circulaire de 1 rang vers la gauche, notée σ_g place

$$
\begin{array}{ccc}
a_2 & \text{en position} & 1 \\
a_3 & \vdots & 2 \\
\vdots & \vdots & \vdots \\
a_n & \vdots & n-1 \\
\text{et}\quad a_1 & \text{en position} & n
\end{array}
$$

d'où :
$$\sigma_g(a) = a_2, \ldots, a_n, a_1.$$

De même une permutation circulaire de 1 rang vers la droite fait correspondre à la suite a la suite :
$$\sigma_d(a) = a_n, a_1, \ldots, a_{n-1}.$$

Une permutation circulaire de k rangs, vers la droite ou la gauche, est une répétition k fois de l'une de ces opérations.

On note que :

- une permutation de k rangs vers la gauche est une permutation de $(n-k)$ rangs vers la droite :
$$\sigma_g^k(a) = \sigma_d^{n-k}(a)$$
- si $k = n$: $\qquad \sigma_g^k(a) = \sigma_d^k(a) = a$
- si $k \geq n$, on peut diviser k par n : $k = nq + r$ et l'on a
$$\sigma_g^k(a) = \sigma_g^r(a).$$

Un mot de code étant une suite de chiffres binaires (la suite de ses composantes s'il est représenté par un vecteur) on peut le transformer par permutation circulaire.

La propriété de cyclicité d'un code $\mathcal{C}$ s'énonce :
$$c \in \mathcal{C} \Longrightarrow \sigma(c) \in \mathcal{C} \tag{1}$$

où σ est une permutation *à droite* ou *à gauche*, il s'en suit de proche en proche que :
$$\boxed{\forall k, \quad c \in \mathcal{C} \iff \sigma^k(c) \in \mathcal{C}} \tag{2}$$

d'où la définition suivante.

Définition 1

Un code cyclique est un code : — linéaire,
— stable par permutation circulaire des mots.

Un code cyclique codant tous les mots de longueur r par des mots de longueur n sera noté : $\mathcal{C}c_{n,r}$ (ou simplement $\mathcal{C}_{n,r}$ si sa cyclicité est connue).

Exemple 1

Le code $\mathcal{C}\ell_{4,3}$ suivant, obtenu par la méthode du bit de parité pair est un code systématique cyclique. On observe notamment que le mot $(0,0,1,1)$ a pour permutés circulaires

$$(0,1,1,0), \quad (1,1,0,0), \quad (1,0,0,1) \text{ et lui-même} : (0,0,1,1)$$

qui appartiennent au code (éléments soulignés).

Présentation des codes cycliques

Mots d'information	Mots de code	Permutés circulaires			
$(0,0,0)$	$(0,0,0,0)$	$(0,0,0,0)$			
$(0,0,1)$	$(0,0,1,1)$	$(0,1,1,0)$	$(1,1,0,0)$	$(1,0,0,1)$	$(0,0,1,1)$
$(0,1,0)$	$(0,1,0,1)$	$(1,0,1,0)$	$(0,1,0,1)$		
$(0,1,1)$	$(0,1,1,0)$	$(1,1,0,0)$	$(1,0,0,1)$	$(0,0,1,1)$	$(0,1,1,0)$
$(1,0,0)$	$(1,0,0,1)$	$(0,0,1,1)$	$(0,1,1,0)$	$(1,1,0,0)$	$(1,0,0,1)$
$(1,0,1)$	$(1,0,1,0)$	$(0,1,0,1)$	$(1,0,1,0)$		
$(1,1,0)$	$(1,1,0,0)$	$(1,0,0,1)$	$(0,0,1,1)$	$(0,1,1,0)$	$(1,1,0,0)$
$(1,1,1)$	$(1,1,1,1)$	$(1,1,1,1)$			

1.2 Forme polynomiale d'un code cyclique

Ecrivons le code cyclique $\mathcal{C}$ sous forme polynomiale. Une permutation circulaire de un rang vers la gauche d'un mot de code $c = (c_1, c_2, \ldots, c_n)$ transforme le polynôme associé

$$c(x) = c_1 x^{n-1} + c_2 x^{n-2} + \ldots + c_n \quad (3)$$

en le polynôme

$$c^\star(x) = c_2 x^{n-1} + \ldots + c_n x + c_1$$

qui est donc aussi un polynôme de code et qui peut s'écrire

$$c^\star(x) = x(c_2 x^{n-2} + \ldots + c_n) + c_1.$$

Or d'après (3) :

$$c_2 x^{n-2} + \ldots + c_n = c(x) + c_1 x^{n-1}$$

d'où

$$\begin{aligned} c^\star(x) &= x\bigl(c(x) + c_1 x^{n-1}\bigr) + c_1 \\ &= (x^n + 1)c_1 + xc(x) \end{aligned}$$

et

$$xc(x) = (x^n + 1)c_1 + c^\star(x).$$

$c^\star(x)$, est soit nul (si $c(x)$ est nul), soit de degré inférieur à n ; $c^\star(x)$ est donc le reste de la division euclidienne de $xc(x)$ par $(x^n + 1)$, c'est-à-dire :

$$xc(x) \mod (x^n + 1) = c^\star(x).$$

En représentation polynomiale $\sigma_g(c)$, s'exprime donc par : $xc(x) \mod (x^n + 1)$ et la relation de cyclicité (1) devient :

$$c(x) \in \mathcal{C} \Longrightarrow xc(x) \mod (x^n + 1) \in \mathcal{C} \quad (4)$$

où $\mathcal{C}$ désigne le code, indépendamment de sa représentation sous forme vectorielle ou polynomiale. La relation (2) s'écrit alors :

$$\forall k, \quad c(x) \in \mathcal{C} \iff x^k c(x) \mod (x^n + 1) \in \mathcal{C}.$$

Un code cyclique étant linéaire la somme de polynômes $x^k c(x) \mod (x^n + 1)$ est un mot du code, c'est-à-dire :

$$\boxed{\begin{aligned} &\forall\, a(x) = \sum_k a_{n-k} x^k \text{ où } a_{n-k} \in \{0,1\}, \\ &c(x) \in \mathcal{C} \iff a(x)c(x) \mod (x^n + 1) \in \mathcal{C}. \end{aligned}} \quad (5)$$

Cette relation est vraie en particulier pour tout $a(x) \in P_{n-1}$; la proposition IV 6 indique alors que le code est polynomial comme idéal de l'anneau $B[x]/(x^n + 1)$ et son générateur divise $(x^n + 1)$ d'où la définition suivante.

DÉFINITION 2
Un code cyclique $\mathcal{C}c_{n,r}$ est : — un code polynomial
— dont le générateur divise $(x^n + 1)$.

En conséquence, à tout diviseur de $(x^n + 1)$, de degré s, on peut associer un code cyclique $\mathcal{C}_{n,r}$, de dimension $r = n - s$.

Exemple 2
  Soit le code cyclique $\mathcal{C}c_{4,3}$ précédent, puisqu'il est polynomial, par définition son générateur est le polynôme codant $i(x) = 1$ associé à $(0, 0, 1)$.

D'après le tableau de construction du code,
  – $(0,0,1)$ est codé par $(0,0,1,1)$ qui correspond à $(x+1)$
  – et $g(x) = (x+1)$ est bien un diviseur de $(x^4 + 1)$:

$$x^4 + 1 = (x+1)(x^3 + x^2 + x + 1).$$

1.3 Matrice génératrice

Comme tout code polynomial, le code cyclique $\mathcal{C}c_{n,r}$ de générateur $g(x)$, admet pour base les r polynômes :

$$x^{r-1} g(x),\ \ldots,\ x^2 g(x),\ x g(x),\ g(x)$$

et donc la matrice génératrice correspondante, propre aux codes polynomiaux.

Tous les polynômes de cette base, multiples de $g(x)$, sont de degré inférieur à n, ils sont donc également des multiples modulo $(x^n + 1)$ de $g(x)$. Ils sont associés aux vecteurs :

$$\sigma_g^{r-1}(g),\ \ldots,\ \sigma_g^2(g),\ \sigma_g(g),\ g$$

et la matrice formelle peut s'écrire :

$$G = \left(\left(\sigma_g^{r-1}(g)\right)\ \cdots\ \left(\sigma_g(g)\right)\ \left(g\right) \right).$$

Notons que le polynôme générateur $g(x) = g_r x^{n-r} + \cdots + g_n$ est tel que :
- $g_r = 1$, comme pour tout code polynomial, puisque $g(x)$ est de degré $n - r$,
- $g_n = 1$ pour les codes cycliques, sinon $g(x)$ serait divisible par x et donc (x^n+1) aussi ce qui n'est pas le cas,

d'où
$$g = (0, \cdots, 0, \mathbf{1}, g_{r-1}, \cdots, g_{n-1}, \mathbf{1}).$$

Exemple 3

Pour le code $\mathscr{C}_{4,3}$ de l'exemple 2, les trois vecteurs suivants, exprimés dans la base canonique de B^4,
$$\sigma_g^2(g) = (1,1,0,0), \quad \sigma_g(g) = (0,1,1,0), \quad g = (0,0,1,1)$$
forment une base ; le code admet comme génératrice la matrice ci-dessous :
$$G = \begin{pmatrix} \mathbf{1} & 0 & 0 \\ 1 & \mathbf{1} & 0 \\ 0 & 1 & \mathbf{1} \\ 0 & 0 & 1 \end{pmatrix}.$$

Remarque

La formule de codage systématique des codes polynomiaux, (IV) (7), s'applique aux codes cycliques et permet de construire la matrice normalisée du code.

2 Contrôle

Comme code polynomial, un code cyclique $\mathscr{C}c_{n,r}$, admet un polynôme de contrôle $\gamma(x)$, de degré r, défini par $(x^n + 1) = g(x)\gamma(x)$, d'où :
$$c \in \mathscr{C}c_{n,r} \iff \big(\gamma(x)c(x) \mod (x^n + 1) = 0\big). \tag{6}$$

Nous verrons ci-dessous la simplicité de calcul des produits modulo $(x^n + 1)$.

D'autre part la propriété de cyclicité permet d'établir, à partir de la relation (6), une matrice de contrôle, d'expression très simple, spécifique aux codes cycliques, que nous étudierons ensuite.

2.1 Polynôme de contrôle

La relation (6) est évidemment vérifiée pour $c(x) = 0$, exprimons la pour $c(x)$ non nul. Considérons les polynômes :
$$\begin{array}{rl} \gamma(x) = & \gamma_{n-r} x^r + \cdots + \gamma_n \\ c(x) = & c_1 x^{n-1} + \cdots + c_{n-r} x^r + \cdots + c_n \end{array} \tag{7}$$

et leur produit :
$$\gamma(x)c(x) = A_1 x^{N-1} + \cdots + A_{N-r} x^r + \cdots + A_N, \qquad N = n + r. \tag{8}$$

Remarquons que pour $0 \leq k \leq r-1$:

$$x^{n+k} = (x^n+1)x^k + x^k$$
$$x^{n+k} \bmod (x^n+1) = x^k$$

d'où les différents $x^j \bmod (x^n+1)$ correspondants aux x^j apparaissant dans (8) :

x^j	x^{n+r-1}	..	x^{n+k}	..	x^n	x^{n-1}	..	x^r	x^{r-1}	..	x^k	..	1
$x^j \bmod (x^n+1)$	$(x^{r-1}$	..	x^k	..	$1)$	x^{n-1}	..	x^r	$(x^{r-1}$	..	x^k	..	$1)$

Dans $\gamma(x)c(x) \bmod (x^n+1)$, polynôme de P_{n-1}, le terme en x^k est égal :
- si $0 \leq k \leq r-1$, à la somme des termes en x^k et x^{n+k} figurant dans $\gamma(x)c(x)$,
- si $r \leq k \leq n-1$, au terme en x^k de $\gamma(x)c(x)$,

c'est-à-dire, si

$$\gamma(x)c(x) \bmod (x^n+1) = M_1 x^{n-1} + \cdots + M_n$$

alors $\quad M_{n-k}x^k = \begin{cases} A_{N-k}x^k + A_{N-(n+k)}\,x^{n+k} & \text{pour } 0 \leq k \leq r-1 \\ A_{N-k}\,x^k & \text{pour } r \leq k \leq n-1 \end{cases}$

Exemple 4

Le code cyclique $\mathcal{C}_{4,3}$ de générateur $g(x) = (x+1)$, a pour polynôme de contrôle

$$\gamma(x) = x^3 + x^2 + x + 1.$$

- Soit le polynôme de code $c(x) = (x^3+1)$, on a :

$$\gamma(x)c(x) = (x^6 + x^5 + x^4) + 0x^3 + (x^2 + x + 1).$$

Or

$$\begin{aligned} x^6 = x^{4+2} &\implies x^6 \bmod (x^4+1) = x^2 \\ x^5 = x^{4+1} &\implies x^5 \bmod (x^4+1) = x \\ x^4 &\implies x^4 \bmod (x^4+1) = 1 \end{aligned}$$

d'où

$$\gamma(x)c(x) \bmod (x^4+1) = 0.$$

- Par contre si $m(x) = x^3 + x + 1$:

$$\begin{aligned} \gamma(x)m(x) &= (x^6 + x^5) + x^3 + (1) \\ \gamma(x)m(x) \bmod (x^4+1) &= x^3 + x^2 + x + 1 \neq 0 \\ &\implies m(x) \notin \mathcal{C}. \end{aligned}$$

Polynôme réciproque de γ

Calculons l'expression formelle du coefficient de x^r dans $\gamma(x)\,c(x) \bmod (x^n + 1)$, puisque $M_{n-r}x^r = A_{N-r}x^r$, on a en utilisant (7) :

$$M_{n-r} = \gamma_n c_{n-r} + \cdots + \gamma_{n-r} c_n. \tag{9}$$

Soit γ et c les vecteurs de B^n associés à $\gamma(x)$ et $c(x)$:

$$\begin{aligned}\gamma &= (0, \ \ldots, \ \ 0, \ \ \ \gamma_{n-r}, \ \ldots, \ \gamma_n) \\ c &= (c_1, \ \ldots, \ c_{n-r-1}, \ c_{n-r}, \ \ldots, \ c_n).\end{aligned}$$

Posons

$$\overline{\gamma} = (0, \ldots, 0, \gamma_n, \ldots, \gamma_{n-r}) \tag{10}$$

et notons que $\gamma(x)$ divisant (x^n+1) engendre un code cyclique, d'où $\gamma_n = \gamma_{n-r} = 1$. Le coefficient M_{n-r} s'exprime alors par le produit scalaire :

$$M_{n-r} = \,<\overline{\gamma}, c>\,. \tag{11}$$

Le vecteur $\overline{\gamma}$ est appelé *vecteur réciproque* de γ. Ses $(r+1)$ dernières composantes sont les $(r+1)$ dernières de γ placées en ordre inverse.

Il correspond à $\overline{\gamma}(x)$, *polynôme réciproque* de $\gamma(x)$, de même degré r, puisque $\gamma_n = 1$, que l'on obtient :

— en remplaçant x par x^{-1} dans $\gamma(x)$,
— en multipliant l'expression obtenue par x^r,

soit

$$\overline{\gamma}(x) = x^r(\gamma_{n-r}x^{-r} + \cdots + \gamma_n) = \gamma_n x^r + \cdots + \gamma_{n-r}.$$

Le polynôme réciproque $\overline{\gamma}(x)$ va permettre de construire une matrice de contrôle propre aux codes cycliques.

2.2 Matrice de contrôle caractéristique

D'après la méthode décrite pour tout code linéaire au chapitre II, il faut :

— déterminer une matrice $G^\star$, génératrice du code orthogonal $\mathcal{C}^\perp$,
— en déduire la matrice de contrôle C du code $\mathcal{C}$ telle que : $C = {}^tG^\star$.

La condition (6) de contrôle des mots de code est remplie si et seulement si tous les coefficients du polynôme $\gamma(x)c(x) \bmod (x^n + 1)$ sont nuls. En particulier pour le coefficient de x^r, on peut écrire d'après (11) :

$$c \in \mathcal{C} \Longrightarrow \,<\overline{\gamma}, c>\, = 0,$$

ce qui signifie que le vecteur $\overline{\gamma}$ appartient à l'orthogonal de $\mathcal{C}$.

Le code étant cyclique, $\overline{\gamma}$ est également orthogonal à tous les permutés circulaires de c, puisque ce sont des mots du code, donc :

$$<\overline{\gamma}, c> \,=\, <\overline{\gamma}, \sigma_d(c)> \,=\, \cdots \,=\, <\overline{\gamma}, \sigma_d^{n-1}(c)> \,=\, 0. \tag{12}$$

Or $<\overline{\gamma}, \sigma_d(c)> = <\sigma_g(\overline{\gamma}), c>$, en effet :

$$\begin{aligned}
\overline{\gamma} &= \qquad\qquad\qquad\quad \gamma_n, \quad \ldots, \quad \ldots, \quad \ldots, \quad \gamma_{n-r} \\
\sigma_d(c) &= c_n, \ldots, \quad \ldots, c_{n-r-1}, c_{n-r}, \ldots, \quad \ldots, c_{n-1} \\
\\
\sigma_g(\overline{\gamma}) &= \qquad\qquad\qquad \gamma_n, \quad \ldots, \quad \ldots, \quad \ldots, \gamma_{n-r}, \\
c &= c_1, \ldots, c_{n-r-1}, c_{n-r}, \ldots, \quad \ldots, c_{n-1}, \quad c_n
\end{aligned}$$

d'où
$$<\overline{\gamma}, \sigma_d(c)> = <\sigma_g(\overline{\gamma}), c> = \gamma_n c_{n-r-1} + \ldots + \gamma_{n-r} c_{n-1}.$$

Les relations (12) sont donc équivalentes aux suivantes :

$$<\overline{\gamma}, c> = <\sigma_g(\overline{\gamma}), c> = \ldots = <\sigma_g^{n-1}(\overline{\gamma}), c> = 0. \tag{13}$$

Ainsi les n vecteurs

$$\overline{\gamma}, \sigma_g(\overline{\gamma}), \ldots, \sigma_g^{n-1}(\overline{\gamma}) \tag{14}$$

appartiennent à l'orthogonal $\mathcal{C}^\perp$ du code, qui comme nous le savons (Chapitre I) est un espace vectoriel de dimension $(n-r)$. On obtiendra une base de $\mathcal{C}^\perp$, et donc les vecteurs-lignes d'une matrice de contrôle de $\mathcal{C}$, si on peut extraire de l'ensemble (14), une famille libre de $(n-r)$ vecteurs.

2.2.1 Matrice génératrice de l'orthogonal

Montrons que les $(n-r)$ premiers vecteurs de la suite (14) sont linéairement indépendants et forment donc une base de $\mathcal{C}^\perp$. Considérons-les dans l'ordre :

$$\sigma_g^{n-r-1}(\overline{\gamma}), \ldots, \sigma_g(\overline{\gamma}), \overline{\gamma}. \tag{15}$$

Soit une combinaison linéaire nulle de ces vecteurs :

$$\lambda_0 \sigma_g^{n-r-1}(\overline{\gamma}) + \cdots + \lambda_{n-r-1} \overline{\gamma} = 0$$

ou sous forme matricielle :

$$\begin{pmatrix} \gamma_n & 0 & \ldots & 0 \\ \vdots & \gamma_n & \ddots & \vdots \\ \vdots & \vdots & \ddots & 0 \\ \gamma_{n-r} & \vdots & \vdots & \gamma_n \\ 0 & \gamma_{n-r} & \vdots & \vdots \\ \vdots & \ddots & \ddots & \vdots \\ 0 & \ldots & 0 & \gamma_{n-r} \end{pmatrix} \begin{pmatrix} \lambda_0 \\ \lambda_1 \\ \vdots \\ \vdots \\ \vdots \\ \vdots \\ \lambda_{n-r-1} \end{pmatrix} = 0. \tag{16}$$

Nous savons que γ_n est non nul, en conséquence l'équation matricielle ci-dessus a pour solution :

$$\lambda_0 = 0, \lambda_1 = 0 = \ldots, \lambda_{n-r-1} = 0.$$

Le code orthogonal admet donc comme génératrice la matrice de (16) que nous noterons $G^\star$.

Remarque

Le code orthogonal d'un code cyclique est cyclique, en effet,
- la forme de la matrice $G^\star$ indique que $\mathscr{C}^\perp$ est polynomial, son générateur est le polynôme réciproque de $\gamma(x)$ correspondant à la dernière colonne de $G^\star$;
- et $\overline{\gamma}(x)$ divise $(x^n + 1)$, puisque
  - d'une part, le polynôme réciproque de $(x^n + 1)$ est égal à $(x^n + 1)$:

  $$\overline{(x^n + 1)} = x^n\Big(\frac{1}{x^n} + 1\Big) = 1 + x^n,$$

  - d'autre part, il s'écrit également :

  $$\begin{aligned}\overline{(x^n + 1)} &= x^n g\Big(\frac{1}{x}\Big)\gamma\Big(\frac{1}{x}\Big) \\ &= x^{n-r} g\Big(\frac{1}{x}\Big) x^r \gamma\Big(\frac{1}{x}\Big) = \overline{g}(x)\,\overline{\gamma}(x).\end{aligned}$$

2.2.2 Expression de la matrice de contrôle caractéristique

Il s'en suit une matrice de contrôle du code $\mathscr{C}$ telle que :

$$C = {}^t G^\star = \begin{pmatrix} \gamma_n & \gamma_{n-1} & \cdots & \gamma_{n-r} & 0 & \cdots & 0 \\ 0 & \gamma_n & \gamma_{n-1} & \cdots & \gamma_{n-r} & \ddots & \vdots \\ \vdots & \ddots & \ddots & \ddots & \ddots & \ddots & 0 \\ 0 & \cdots & 0 & \gamma_n & \gamma_{n-1} & \cdots & \gamma_{n-r} \end{pmatrix}.$$

$\overline{\gamma}$ est placé sur la dernière ligne, ses s permutés à gauche successifs sur les précédentes.

Exemple 5

Soit $\mathscr{C}$ le code cyclique $\mathscr{C}_{7,3}$ engendré par $g(x) = (x^4 + x^3 + x^2 + 1)$.

On a : $\qquad x^7 + 1 = (x^4 + x^3 + x^2 + 1)(x^3 + x^2 + 1).$

Le polynôme de contrôle est :

$$\gamma(x) = x^3 + x^2 + 1 \quad \text{correspondant à} \quad \gamma = (0,0,0,1,1,0,1).$$

On en déduit le vecteur réciproque de γ : $\overline{\gamma} = (0,0,0,1,0,1,1)$, d'où la matrice de contrôle de $\mathscr{C}$:

$$C = \begin{pmatrix} \mathbf{1} & \mathbf{0} & \mathbf{1} & \mathbf{1} & 0 & 0 & 0 \\ 0 & \mathbf{1} & \mathbf{0} & \mathbf{1} & \mathbf{1} & 0 & 0 \\ 0 & 0 & \mathbf{1} & \mathbf{0} & \mathbf{1} & \mathbf{1} & 0 \\ 0 & 0 & 0 & \mathbf{1} & \mathbf{0} & \mathbf{1} & \mathbf{1} \end{pmatrix}.$$

3 Piégeage des erreurs corrigibles (Meggitt)

Seront appelées *corrigibles* les erreurs dont la correction est assurée, c'est-à-dire les erreurs de poids k inférieur ou égal à la capacité de correction t du code.

Une méthode proposée par Meggitt, utilisant la propriété de cyclicité des codes allège considérablement le tableau de syndromes ; elle permet ainsi un gain de temps et de place en mémoire. Elle consiste à piéger en quelque sorte l'erreur lorsqu'elle est corrigible.

Principe

Il repose sur les remarques suivantes.

a) Un message m présente une erreur sur la première composante m_1 si et seulement si son vecteur d'erreur e (inconnu mais de même syndrome), possède le chiffre 1 en première position.

b) Si un message m provient du mot de code c, avec une erreur e de poids k, tout permuté circulaire $\sigma^j(m)$ de m provient de $\sigma^j(c)$ avec une erreur de même poids égale à $\sigma^j(e)$.

En effet, soit m un message erroné, $m = (c + e)$ et e tel que $w(e) = k$, alors :

$$\sigma^j(m) = \sigma^j(c) + \sigma^j(e).$$

Il est évident que

- $\sigma^j(c)$ est un mot du code cyclique,
- et que $w\bigl(\sigma^j(e)\bigr) = w(e) = k$ puisque les symboles de $\sigma^j(e)$ sont ceux de e, simplement décalés sans changer de valeur.

En conséquence, si m a une erreur e, un de ses permutés a une erreur de même poids, *débutant par le symbole 1*.

c) Rappelons d'autre part que chaque erreur e corrigible est unique de poids minimum dans sa classe de syndrome.

Méthode

Supposons que m ait une erreur de poids $w(e) \leq t$, sa correction est donc assurée.

Premier algorithme

La méthode retient uniquement du tableau standard :
- les erreurs
    - corrigibles,
    - commençant par 1
- et leur syndromes.

L'ensemble constitue la *table de correction* T :

Le message m étant corrigible, lui ou l'un de ses permutés $\sigma^k(m)$ a une erreur commençant par 1 figurant dans la table (seule erreur de poids minimum dans sa classe de syndrome).

L'erreur $e^\star$ de $\sigma^k(m)$ étant repérée, l'erreur e de m s'en déduit aisément par

$$e(m) = \sigma^{n-k}(e^\star).$$

Exemple 6

Soit le code cyclique $\mathscr{C}_{5,1}$ de générateur $g(x) = (x^4+x^3+x^2+x+1)$, il correspond au codage :

$$0 \longrightarrow (0,0,0,0,0)$$
$$1 \longrightarrow (1,1,1,1,1).$$

La distance minimale du code est $d = 5$, d'où sa capacité de correction

$$t = \left\lceil \frac{d-1}{2} \right\rceil = 2.$$

- Table de correction T

Rassemblons les erreurs de poids inférieur ou égal à 2, commençant par 1 et leur syndrome, calculé par exemple comme le reste de la division de $m(x)$ par $g(x)$, c'est-à-dire

$$S(m) = m(x) \bmod (x^4 + x^3 + x^2 + x + 1).$$

e		$S(e)$	
$(1,0,0,0,0)$	x^4	$x^3 + x^2 + x + 1$	$(1,1,1,1)$
$(1,1,0,0,0)$	$x^4 + x^3$	$x^2 + x + 1$	$(0,1,1,1)$
$(1,0,1,0,0)$	$x^4 + x^2$	$x^3 + x + 1$	$(1,0,1,1)$
$(1,0,0,1,0)$	$x^4 + x$	$x^3 + x^2 + 1$	$(1,1,0,1)$
$(1,0,0,0,1)$	$x^4 + 1$	$x^3 + x^2 + x$	$(1,1,1,0)$

- Correction

Soit $c = (1,1,1,1,1)$ le mot de code émis et soit m le message reçu comportant 2 erreurs, tel que

$$m = (1,0,1,0,1)$$
$$m(x) = x^4 + x^2 + 1.$$

Appliquons l'algorithme.

j	$\sigma^j(m)$		$S = S(\sigma^j(m))$	$S \in T$?
0	$(1,0,1,0,1)$	$x^4 + x^2 + 1$	$x^3 + x$	non
1	$(0,1,0,1,1)$	$x^3 + x + 1$	$x^3 + x + 1$	oui

$$\sigma(m) \text{ a pour erreur :} \quad e^* = (1,0,1,0,0)$$
$$\text{l'erreur de } m \text{ est :} \quad e = \sigma^{5-1}(e^*) = (0,1,0,1,0).$$

Le message est corrigé en $(1,0,1,0,1)+(0,1,0,1,0)=(1,1,1,1,1)$ qui est bien le mot de code dont il provient.

Deuxième algorithme

La table de correction peut être encore allégée en ne retenant que la liste des syndromes des erreurs de poids inférieur ou égal à t commençant par 1.

Lorsque $S(\sigma^k(m))$ figure dans la table, l'erreur de $\sigma^k(m)$ n'est pas connue, on sait seulement qu'elle commence par 1. Le premier symbole de $\sigma^k(m)$ est donc corrigible.

Si le message m' alors obtenu est un mot de code l'algorithme est terminé, sinon on l'applique à $\sigma(m')$.

La correction de m se construit ainsi symbole après symbole.

Exemple 7

Reprenons l'exemple ci-dessus, la table de correction T est réduite à la partie droite de la table précédente :

$S(e)$	
$x^3 + x^2 + x + 1$	$(1,1,1,1)$
$x^2 + x + 1$	$(0,1,1,1)$
$x^3 + x + 1$	$(1,0,1,1)$
$x^3 + x^2 + 1$	$(1,1,0,1)$
$x^3 + x^2 + x$	$(1,1,1,0)$

Le déroulement de l'algorithme est décrit par le schéma suivant, où sont indiquées en dernière colonne les composantes successives $m_i^\star$ du message corrigé.
Appliquons l'algorithme au même message :

$$m = (m_1, m_2, m_3, m_4, m_5) = (1,0,1,0,1)$$
$$\text{ou} \quad x^4 + x^2 + 1.$$

j	$\sigma^j(m)$		$S(\sigma^j(m))$		$m_i^\star$
0	$(1,0,1,0,1)$	$x^4 + x^2 + 1$	$x^3 + x$	$\notin T$	m_1
1	$(0,1,0,1,1)$	$x^3 + x + 1$	$x^3 + x + 1$	$\in T$	$m_2 + 1$
	$\downarrow$				
0	$(1,1,0,1,1)$	$x^4 + x^3 + x + 1$	$x^2 \neq 0$		
1	$(1,0,1,1,1)$	$x^4 + x^2 + x + 1$	x^3	$\notin T$	m_3
2	$(0,1,1,1,1)$	$x^3 + x^2 + x + 1$	$x^3 + x^2 + x + 1$	$\in T$	$m_4 + 1$
	$\downarrow$				
0	$(1,1,1,1,1)$	$x^4 + x^3 + x^2 + x + 1$	0		

Les $2^{\text{ème}}$ et $4^{\text{ème}}$ composantes de m ont été corrigées et le message $(1,0,1,0,1)$ est rectifié en $(1,1,1,1,1)$.

Présentation des codes cycliques

Intérêt et limite de la méthode

Supposons maintenant que m ait une erreur e telle que $w(e) > t$.

— Si $\bigl(\sigma^k(m)\bigr) \in T$, $\sigma^k(m)$ est transformé en $\sigma^k(m) + e$, avec $w(e) \leq t$, donc en un mot de code qui n'est pas le mot émis, mais un de ceux qui lui est le plus proche.

Par exemple si $m = (1,0,1,0,1)$ provient de $c = (0,0,0,0,0)$ avec 3 erreurs il est, comme nous l'avons vu plus haut, transformé en $(1,1,1,1,1)$.

— Si quel que soit k tel que $0 \leq k \leq (n-1)$, aucun $S\bigl(\sigma^k(m)\bigr)$ n'apparait dans T il n'y a pas de modification du message.

Un message dont on ignore le poids de l'erreur, ce qui est évidemment le cas lors d'une transmission, sera donc :
- soit corrigé ;
- soit transformé en un mot de code autre que le mot émis ;
- soit inchangé.

Cette méthode astucieuse et intéressante pour sa rapidité d'exécution est moins performante que la correction automatique générale par syndromes. En effet, avec cette dernière, comme nous l'avons montré au chapitre II, il peut se faire que des erreurs de poids supérieur à t soit corrigées, ce qui n'est pas le cas avec la méthode de Meggitt.

Conclusion

La propriété caractéristique du code linéaire cyclique $\mathscr{C}_{n,r}$ est d'être stable par toute permutation circulaire des mots, ce qui s'exprime, en notant $\mathscr{C}$ le code,

— sous forme vectorielle par

$$c \in \mathscr{C} \iff \sigma^k(c) \in \mathscr{C}$$

— sous forme polynomiale par

$$\forall p(x) \in B[x], \quad c(x) \in \mathscr{C} \iff \bigl(p(x)c(x) \bmod (x^n + 1)\bigr) \in \mathscr{C}.$$

La deuxième expression montre qu'il s'agit d'un idéal dans l'anneau $B[x]/(x^n+1)$, c'est-à-dire d'un code engendré par un diviseur de $(x^n + 1)$.

Matrice génératrice et matrice de contrôle

Tout code cyclique admet une matrice génératrice et une matrice de contrôle particulières.

1) Etant polynomial le code admet la matrice génératrice spécifique à ce type de codes.

2) À partir du produit $(x^n + 1) = g(x)\gamma(x)$ où

$$\gamma(x) = \gamma_{n-r}x^r + \cdots + \gamma_n,$$

on calcule le polynôme réciproque de $\gamma(x)$:

$$\overline{\gamma}(x) = x^r\gamma(x^{-1}) = \gamma_n x^r + \cdots + \gamma_{n-r}$$

qui permet de construire la matrice de contrôle propre au code cyclique :

$$C_{n-r,n} = \begin{pmatrix} \gamma_n & \gamma_{n-1} & \cdots & \gamma_{n-r} & 0 & \cdots & 0 \\ 0 & \gamma_n & \gamma_{n-1} & \cdots & \gamma_{n-r} & \ddots & \vdots \\ \vdots & \ddots & \ddots & \ddots & \ddots & \ddots & 0 \\ 0 & \cdots & 0 & \gamma_n & \gamma_{n-1} & \cdots & \gamma_{n-r} \end{pmatrix}.$$

Correction d'erreur

Le procédé de correction de Meggitt, propre aux codes cycliques,

— est opérationnel pour les erreurs dont le poids ne dépasse pas la capacité de correction du code ;

— il simplifie très sensiblement le tableau des syndrômes en ne s'intéressant qu'aux erreurs dont la correction est assurée et dont le premier symbole est inexact ;

— il localise l'erreur sur les permutés circulaires du message, la correction du message s'en déduit aisément.

La connaissance de tous les diviseurs de $(x^n + 1)$, permet de définir l'ensemble des codes cycliques de longueur donnée n, la recherche de ces diviseurs fait l'objet du chapitre suivant.

Exercices

Exercice 1

Pour tout $n \geq 2$, $(x^n + 1)$ peut s'écrire

$$x^n + 1 = g(x)\gamma(x)$$
$$\text{avec } \deg(g) \geq 1 \text{ et } \deg(\gamma) \geq 1.$$

1) Soit les codes cycliques de longueur n, de générateurs g et γ, préciser la dimension de chacun d'eux ainsi que celle de leur code orthogonal.

2) Pour $(x^7 + 1) = (x^4 + x^3 + x^2 + 1)(x^3 + x^2 + 1)$, donner une matrice génératrice et une matrice de contrôle de chacun de ces codes.

3) Repérer les codes cycliques de Hamming.

---

1) Nous savons que :

$$x^n + 1 = g(x)\gamma(x) = \overline{g}(x)\overline{\gamma}(x).$$

Chacun des polynômes $g, \gamma, \overline{g}, \overline{\gamma}$, diviseurs de $(x^n + 1)$, est générateur d'un code cyclique de longueur n et de dimension $r = n - \deg(\text{générateur})$.

Si $g(x)$ est de degré $s = (n - r)$, il engendre un code $\mathscr{C}_1$ que nous noterons $\mathscr{C}(g)$, de dimension r ; $\gamma(x)$ est alors de degré $(n - s) = r$ et engendre un code $\mathscr{C}_2 = \mathscr{C}(\gamma)$ de dimension $(n - r)$. Un polynôme et son réciproque étant de même degré, on obtient en fonction de la dimension r de $\mathscr{C}_1$:

Code	Dimension
$\mathscr{C}_1 = \mathscr{C}(g)$	r
$\mathscr{C}_2 = \mathscr{C}(\gamma)$	$n - r$
$\mathscr{C}_3 = \mathscr{C}(\overline{g})$	r
$\mathscr{C}_4 = \mathscr{C}(\overline{\gamma})$	$n - r$

2) Posons $g(x) = (x^4 + x^3 + x^2 + 1)$ et $\gamma(x) = (x^3 + x^2 + 1)$.

Notons $G(g)$ la matrice génératrice de $\mathscr{C}_1$ construite à l'aide du polynôme générateur $g(x)$ et caractéristique d'un code polynomial.

On sait que $C_1 = {}^tG(\overline{\gamma})$ est la matrice de contrôle de $\mathscr{C}_1$, caractéristique d'un code cyclique.

On en déduit pour chacun des codes les matrices génératrices et de contrôle suivantes.

Code cyclique	Matrice génératrice	Matrice de contrôle
$(\mathcal{C}_1)_{7,3} = \mathcal{C}(g)$	$G(g)$	${}^tG(\overline{\gamma})$
$(\mathcal{C}_2)_{7,4} = \mathcal{C}(\gamma)$	$G(\gamma)$	${}^tG(\overline{g})$
$(\mathcal{C}_3)_{7,3} = \mathcal{C}(\overline{g})$	$G(\overline{g})$	${}^tG(\gamma)$
$(\mathcal{C}_4)_{7,4} = \mathcal{C}(\overline{\gamma})$	$G(\overline{\gamma})$	${}^tG(g)$

Expression vectorielle des polynômes générateurs :

$$g(x) = x^4 + x^3 + x^2 + 1 \implies g = (0,0,1,1,1,0,1) \implies \overline{g} = (0,0,1,0,1,1,1)$$
$$\gamma(x) = x^3 + x^2 + 1 \implies \gamma = (0,0,0,1,1,0,1) \implies \overline{\gamma} = (0,0,0,1,0,1,1)$$

d'où les matrices :

Pour $\mathcal{C}_1$:

$$G(g) = \begin{pmatrix} 1 & 0 & 0 \\ 1 & 1 & 0 \\ 1 & 1 & 1 \\ 0 & 1 & 1 \\ 1 & 0 & 1 \\ 0 & 1 & 0 \\ 0 & 0 & 1 \end{pmatrix} \quad {}^tG(\overline{\gamma}) = \begin{pmatrix} 1 & 0 & 1 & 1 & 0 & 0 & 0 \\ 0 & 1 & 0 & 1 & 1 & 0 & 0 \\ 0 & 0 & 1 & 0 & 1 & 1 & 0 \\ 0 & 0 & 0 & 1 & 0 & 1 & 1 \end{pmatrix}$$

Pour $\mathcal{C}_2$:

$$G(\gamma) = \begin{pmatrix} 1 & 0 & 0 & 0 \\ 1 & 1 & 0 & 0 \\ 0 & 1 & 1 & 0 \\ 1 & 0 & 1 & 1 \\ 0 & 1 & 0 & 1 \\ 0 & 0 & 1 & 0 \\ 0 & 0 & 0 & 1 \end{pmatrix} \quad {}^tG(\overline{g}) = \begin{pmatrix} 1 & 0 & 1 & 1 & 1 & 0 & 0 \\ 0 & 1 & 0 & 1 & 1 & 1 & 0 \\ 0 & 0 & 1 & 0 & 1 & 1 & 1 \end{pmatrix}$$

Pour $\mathcal{C}_3$:

$$G(\overline{g}) = \begin{pmatrix} 1 & 0 & 0 \\ 0 & 1 & 0 \\ 1 & 0 & 1 \\ 1 & 1 & 0 \\ 1 & 1 & 1 \\ 0 & 1 & 1 \\ 0 & 0 & 1 \end{pmatrix} \quad {}^tG(\gamma) = \begin{pmatrix} 1 & 1 & 0 & 1 & 0 & 0 & 0 \\ 0 & 1 & 1 & 0 & 1 & 0 & 0 \\ 0 & 0 & 1 & 1 & 0 & 1 & 0 \\ 0 & 0 & 0 & 1 & 1 & 0 & 1 \end{pmatrix}$$

Pour $\mathcal{C}_4$:

$$G(\overline{\gamma}) = \begin{pmatrix} 1 & 0 & 0 & 0 \\ 0 & 1 & 0 & 0 \\ 1 & 0 & 1 & 0 \\ 1 & 1 & 0 & 1 \\ 0 & 1 & 1 & 0 \\ 0 & 0 & 1 & 1 \\ 0 & 0 & 0 & 1 \end{pmatrix} \quad {}^tG(g) = \begin{pmatrix} 1 & 1 & 1 & 0 & 1 & 0 & 0 \\ 0 & 1 & 1 & 1 & 0 & 1 & 0 \\ 0 & 0 & 1 & 1 & 1 & 0 & 1 \end{pmatrix}.$$

3) Les codes $\mathscr{C}_2$ et $\mathscr{C}_4$ admettent des matrices de contrôle dont les colonnes sont tous les vecteurs non nuls de $B^s = B^3$.

$$\begin{array}{rll} \mathscr{C}_2 & \text{engendré par} \quad \gamma(x) & = x^3 + x^2 + 1 \\ \mathscr{C}_4 & \text{engendré par} \quad \overline{\gamma}(x) & = x^3 + x + 1 \end{array}$$

sont des codes de Hamming $\mathcal{H}_{7,4}$ cycliques isomorphes.

Exercice 2

Soit le code cyclique $\mathscr{C}c_{6,4}$ engendré par $g(x) = x^2 + x + 1$.

1) Soit $\gamma(x)$ le polynôme de contrôle du code. Montrer que la fonction S telle que

$$\forall m(x), \quad S(m) = m(x)\gamma(x) \bmod (x^6 + 1)$$

est une application syndrome.

2) Construire une matrice de contrôle associée à S et vérifier que $m(x) = (x^2 + x + 1)$ est un mot du code.

---

1) Puisque $(x^6 + 1) = (x^2 + x + 1)(x^4 + x^3 + x + 1)$, le polynôme de contrôle du code est :

$$\gamma(x) = x^4 + x^3 + x + 1.$$

— S est un application linéaire de P_5 dans P_5, en effet,

- $(m_1 + m_2)\gamma = m_1\gamma + m_2\gamma$ d'où

$$m_1\gamma \bmod (x^6 + 1) + m_2\gamma \bmod (x^6 + 1) = \Big((m_1 + m_2)\gamma\Big) \bmod (x^6 + 1)$$

- $\forall \lambda \in \{0, 1\}, \quad \lambda\Big(m\gamma \bmod (x^6 + 1)\Big) = (\lambda m)\gamma \bmod (x^6 + 1).$

— Le noyau de S est le code, ensemble des mots $c(x)$ tels que $c(x)\gamma(x) \bmod (x^6 + 1) = 0$.

Donc S est une application syndrome.

2) L'image de P_5 par S est donc un sous-espace vectoriel de P_5. Montrons qu'il est de dimension $s = 2$.

Calculons $S(m)$ pour les vecteurs de la base canonique $x^5, x^4, x^3, x^2, x, 1$ de P_5.
Rappelons que

$$\begin{array}{l} k \geq n \implies x^k \bmod (x^n + 1) = x^{k-n} \\ k < n \implies x^k \bmod (x^n + 1) = x^k. \end{array}$$

On obtient :

$$S(x^5) = \begin{array}{l} x^5(x^4 + x^3 + x + 1) \\ x^5\gamma \bmod (x^6 + 1) \end{array} = \begin{array}{l} x^9 + x^8 + x^6 + x^5 \\ x^3 + x^2 + x^0 + x^5 \end{array} \quad \text{ou} \quad u_1 = (1, 0, 1, 1, 0, 1)$$

$$S(x^4) = \begin{array}{l} x^4(x^4 + x^3 + x + 1) \\ x^4\gamma \bmod (x^6 + 1) \end{array} = \begin{array}{l} x^8 + x^7 + x^5 + x^4 \\ x^2 + x^1 + x^5 + x^4 \end{array} \quad \text{ou} \quad u_2 = (1, 1, 0, 1, 1, 0)$$

$$\begin{aligned}
S(x^3) &= \begin{array}{c} x^3(x^4+x^3+x+1) \\ x^3\gamma \bmod (x^6+1) \end{array} = \begin{array}{l} x^7+x^6+x^4+x^3 \\ x^1+x^0+x^4+x^3 \end{array} \quad \text{ou} \quad u_3 = (0,1,1,0,1,1) \\
S(x^2) &= \begin{array}{c} x^2(x^4+x^3+x+1) \\ x^2\gamma \bmod (x^6+1) \end{array} = \begin{array}{l} x^6+x^5+x^3+x^2 \\ x^0+x^5+x^3+x^2 \end{array} \quad \text{ou} \quad u_4 = (1,0,1,1,0,1) \\
S(x) &= \begin{array}{c} x(x^4+x^3+x+1) \\ x\gamma \bmod (x^6+1) \end{array} = \begin{array}{l} x^5+x^4+x^2+x \\ x^5+x^4+x^2+x \end{array} \quad \text{ou} \quad u_5 = (1,1,0,1,1,0) \\
S(1) &= \gamma \bmod (x^6+1) = x^4+x^3+x+x^0 \quad \text{ou} \quad u_6 = (0,1,1,0,1,1).
\end{aligned}$$

On remarque qu'il n'y a que 3 vecteurs distincts et que $u_3 = u_1 + u_2$. Une famille libre maximale est donc de 2 éléments, et la dimension du sous-espace vectoriel $S(P_5)$ est 2. Une de ses bases est $\{u_1, u_2\}$, dans laquelle on a :

$$\begin{aligned}
S(x^5) &= (1,0), & S(x^4) &= (0,1), & S(x^3) &= (1,1), \\
S(x^2) &= (1,0), & S(x) &= (0,1), & S(1) &= (1,1).
\end{aligned}$$

Ces vecteurs sont les colonnes d'une matrice associée à S, donc d'une matrice de contrôle du code, soit :

$$C = \begin{pmatrix} 1 & 0 & 1 & 1 & 0 & 1 \\ 0 & 1 & 1 & 0 & 1 & 1 \end{pmatrix}.$$

Examen de $m = x^2 + x + 1$

On vérifie aisément que $S(m) = C(m) = (0,0)$.

Le message appartient au code, ce qui est évident puisqu'il s'agit du polynôme $g(x)$.

Exercice 3

Soit $\mathscr{C}$ le code cyclique $\mathscr{C}c_{6,2}$ de générateur $g(x) = x^4 + x^3 + x + 1$.

1) Quelle est la capacité de correction du code ?

2) Appliquer la méthode de Meggitt pour la correction du message

$$m(x) = x^5 + x^3 + x^2 + x + 1.$$

3) Que peut-on dire du message $m(x) = x^4 + x^3$?

4) Appliquer la méthode générale de correction par syndromes au message précédent.

---

1) $\mathscr{C}$ code P_1, on obtient les mots suivants donnés avec indication de leur poids :

$i(x)$	$c(x) = i(x)\,g(x)$	$w(c)$
0 $\longrightarrow$	0	0
1 $\longrightarrow$	$x^4 + x^3 + x + 1$	4
x $\longrightarrow$	$x^5 + x^4 + x^2 + x$	4
$x+1$ $\longrightarrow$	$x^5 + x^3 + x^2 + 1$	4

tous les vecteurs non nuls sont de poids 4, la distance minimale est donc $d = 4$ et la capacité de correction du code

$$t = \left[\frac{4-1}{2}\right] = 1.$$

2) La seule erreur de poids 1 commençant par 1 est
$$e = (1, 0, 0, 0, 0, 0) \text{ ou } e(x) = x^5.$$
Soit la fonction syndrome $S(m) = m(x) \mod g(x)$, pour $m = e$ on a
$$\begin{aligned} x^5 &= g(x)q(x) + S(x^5) \\ &= (x^4 + x^3 + x + 1)(x+1) + (x^3 + x^2 + 1) \\ S(e) &= x^3 + x^2 + 1. \end{aligned}$$
Appliquons la méthode de Meggitt sous sa première forme.

Table de correction T

e		$S(e)$
$(1,0,0,0,0,0) \mid x^5$	$x^3 + x^2 + 1$	$(1,1,0,1)$

Le syndrome de $m(x) = (x^5 + x^3 + x^2 + x + 1)$ est $S(m) = x$, puisque
$$x^5 + x^3 + x^2 + x + 1 = (x^4 + x^3 + x + 1)(x+1) + x$$
le message est donc erroné.

Correction

Recherchons le vecteur d'erreur de m.

j	$\sigma^j(m)$	$S = S(\sigma^j(m))$	$S \in T?$
0	$(1,0,1,1,1,1)$ $x^5 + x^3 + x^2 + x + 1$	x	non
1	$(0,1,1,1,1,1)$ $x^4 + x^3 + x^2 + x + 1$	x^2	non
2	$(1,1,1,1,1,0)$ $x^5 + x^4 + x^3 + x^2 + x$	x^3	non
3	$(1,1,1,1,0,1)$ $x^5 + x^4 + x^3 + x^2 + 1$	$x^3 + x + 1$	non
4	$(1,1,1,0,1,1)$ $x^5 + x^4 + x^3 + x + 1$	$x^3 + x^2 + 1$	oui

$\sigma^4(m)$ a pour erreur $e^* = e(\sigma^4(m)) = (1,0,0,0,0,0)$, l'erreur de m est $e(m) = \sigma^{6-4}(e^*)$, le message est corrigé par le mot de code
$$(1,0,1,1,1,1) + (0,0,0,0,1,0) = (1,0,1,1,0,1) \quad \text{ou} \quad (x^5 + x^3 + x^2 + 1).$$
Si le message m n'a qu'une erreur il est bien corrigé.

3) Le syndrome de $m(x) = (x^4 + x^3)$ est
$$S(m) = m(x) \mod g(x^4 + x^3 + x + 1) = x + 1 \quad \text{ou} \quad (0,0,1,1)$$
puisque $B^s = B^4$; le message m est donc erroné, recherchons son vecteur d'erreur.

Correction

j	$\sigma^j(m)$	$S = S\big(\sigma^j(m)\big)$	$S \in T$?
0	$(0,1,1,0,0,0)$ $x^4 + x^3$	$x + 1$	non
1	$(1,1,0,0,0,0)$ $x^5 + x^4$	$x^2 + x$	non
2	$(1,0,0,0,0,1)$ $x^5 + 1$	$x^3 + x^2$	non
3	$(0,0,0,0,1,1)$ $x + 1$	$x + 1$	non
4	$(0,0,0,1,1,0)$ $x^2 + x$	$x^2 + x$	non
5	$(0,0,1,1,0,0)$ $x^3 + x^2$	$x^3 + x^2$	non

Toutes les composantes de m ont été examinées, l'algorithme se termine et le message, bien qu'erroné, n'a subi aucune transformation ; on en conclut qu'il a une erreur de poids au moins 2.

4) Correction par la méthode des syndromes

Cherchons un vecteur de correction de $m(x) = x^4 + x^3$.

On a $S(m) = (x+1)$ ou $(0,0,1,1)$ donc m appartient à la classe que nous appelons (par convention) classe 3. Celle-ci est composée des éléments $m + c$ tels que :

$$m(x) + c(x) = x^4 + x^3 + c(x), \quad \text{où } c(x) \text{ parcourt le code,}$$

soit :

$$\begin{array}{lcll}
x^4 + x^3 + 0 & = & x^4 + x^3 & \text{de poids } 2 \\
x^4 + x^3 + x^4 + x^3 + x^1 + 1 & = & x + 1 & \text{de poids } 2 \\
x^4 + x^3 + x^5 + x^4 + x^2 + x & = & x^5 + x^3 + x^2 + x & \text{de poids } 4 \\
x^4 + x^3 + x^5 + x^3 + x^2 + 1 & = & x^5 + x^4 + x^2 + 1 & \text{de poids } 4.
\end{array}$$

Dans la classe 3, deux vecteurs peuvent servir de vecteur ε de correction, $(x^4 + x^3)$ et $(x + 1)$.

Avec cette méthode, le message a des chances d'être corrigé, en effet :
- si m a une erreur de poids 2, il sera corrigé correctement, à condition que ε choisi soit bien l'erreur de m ;
- par contre si m a une erreur de poids supérieur à 2, il sera transformé en un mot de code différent du mot émis puisque le vecteur de correction est de poids 2.

CHAPITRE VI

Générateurs des codes cycliques

Le générateur d'un code cyclique divisant $(x^n + 1)$, la connaissance de tous les codes cycliques de longueur n est liée à la factorisation de $(x^n + 1)$. Il s'agit donc
— *de déterminer l'ensemble des racines de $(x^n + 1)$,*
— *d'en déduire les facteurs binaires irréductibles de $(x^n + 1)$.*

1 Recherche des racines de $(x^n + 1)$

Un polynôme binaire, c'est-à-dire à coefficients dans $B = \{0, 1\}$, est *irréductible sur B* s'il ne peut s'exprimer comme produit de polynômes de degré au moins 1. Il est donc différent de 0 et de 1 et n'admet pas d'autre diviseur que lui-même et le polynôme 1. La connaissance des racines d'un polynôme permet de le décomposer en facteurs irréductibles.

1.1 Idée directrice

Il est évident que quel que soit n, le polynôme $(x^n + 1)$ admet $x = 1$ comme racine. S'il a toutes ses racines dans B, sa décomposition est immédiate. Sinon, il faut en quelque sorte *élargir* au delà de B, le champ de recherche des racines de $(x^n + 1)$, d'où les deux cas suivants :

a) $n = 2^k$

Le double produit modulo 2 étant nul, on a :

$$\begin{aligned} x^2 + 1 &= (x+1)^2 \\ \Longrightarrow x^{2^k} + 1 &= (x^{2^{k-1}} + 1)^2 = (x^{2^{k-2}} + 1)^{2^2} = \ldots = (x^2+1)^{2^{k-1}} \\ &= (x+1)^{2^k}. \end{aligned} \quad (1)$$

Le polynôme $(x^n + 1)$ est alors le produit de n facteurs du premier degré égaux à $(x + 1)$. On dit que 1 est racine, d'"ordre de multiplicité" n, de $(x^n + 1)$.
Par exemple : $(x^8 + 1) = (x^4 + 1)^2 = (x^2 + 1)^4 = (x + 1)^8$.

b) $n \neq 2^k$

Le polynôme $(x^n + 1)$ peut se mettre sous la forme :

$$x^n + 1 = (x+1)^j \, h(x), \qquad 1 \leq j < n$$

avec $h(x)$ non divisible par $(x+1)$. La décomposition de $h(x)$ en produit de polynômes irréductibles sur B, n'est pas immédiate, par exemple :

$$\begin{aligned} x^7 + 1 &= (x+1)(x^6 + x^5 + x^4 + x^3 + x^2 + x + 1) \\ &= (x+1)(x^3 + x^2 + 1)(x^3 + x + 1). \end{aligned} \qquad (2)$$

On vérifie que $h_1(x) = (x^3 + x^2 + 1)$ et $h_2(x) = (x^3 + x + 1)$ sont irréductibles sur B en montrant qu'ils ne sont divisibles par aucun polynôme autre qu'eux mêmes et l'unité.

Le problème à résoudre dans ce cas est de trouver ces facteurs irréductibles.

Ce même problème apparait en algèbre élémentaire pour les polynômes à coefficients *réels* qui n'ont pas de racines dans $\mathbb{R}$. Nous savons par exemple que $(x^2 + 1)$ qui n'a pas de racines dans $\mathbb{R}$, en possède deux dans $\mathbb{C}$ et se décompose sur $\mathbb{C}$ en : $(x+i)(x-i)$. Réciproquement, si $z = a + ib$ et $\bar{z} = a - ib$, avec $b \neq 0$, sont deux racines conjuguées dans $\mathbb{C}$, le produit $(x-z)(x-\bar{z})$ est un polynôme à *coefficients réels*, irréductible sur $\mathbb{R}$:

$$\begin{aligned}(x-z)(x-\bar{z}) &= x^2 - (z+\bar{z})x + z\bar{z} \\ &= x^2 - (2a)x + (a^2 + b^2).\end{aligned}$$

Une démarche analogue conduit à la méthode suivante pour la décomposition de $(x^n + 1)$ sur B.

1.2 Méthode

On appelle "corps d'extension" de B un corps contenant B et dont les opérations prolongent celles dans B, c'est-à-dire qu'elles s'appliquent aux éléments 0 et 1 en s'identifiant aux opérations dans B. Un corps d'extension de B qui contient toutes les racines de $(x^n + 1)$ est un "corps de décomposition" de $(x^n + 1)$.

Pour décomposer $(x^n + 1)$ en facteurs irréductibles sur B il convient :

1. de chercher le corps fini K de décomposition de $(x^n + 1)$, le plus petit au sens de l'inclusion, appelé *"le corps des racines $n^{èmes}$ de l'unité"*, pour obtenir la décomposition sur K :

$$x^n + 1 = \prod_{j=1}^{n}(x + a_j) \qquad \text{(les } a_j \text{ tous distincts ou non) ;}$$

2. de regrouper les a_j, en ensembles de "racines conjuguées" d'un même polynôme binaire irréductible sur B, de la forme :

$$\mu_k(x) = \prod_{j \in \mathcal{E}_k}(x + a_j) \qquad \mathcal{E}_k \subset \{1, 2, \ldots n\} \quad \text{et} \quad \mathcal{E}_k \neq \emptyset.$$

Nous verrons que les $\mathcal{E}_k$ forment une partition de $\{1, 2, \ldots n\}$, c'est-à-dire que $\mathcal{E}_i \cap \mathcal{E}_j = \emptyset$, pour $i \neq j$ et $\cup \mathcal{E}_k = \{1, 2, \ldots n\}$, d'où la décomposition sur B :

$$x^n + 1 = \prod_k \mu_k(x).$$

Avant de décrire en détail les étapes de la méthode, illustrons la démarche dans le cas simple d'une petite valeur de n.

1.3 Illustration

Le polynôme $(x^3 + 1)$ possède dans $B = \{0, 1\}$ la racine simple 1. Cherchons les deux autres dans un corps qui doit avoir au moins quatre éléments, les trois racines de $(x^3 + 1)$ et l'élément 0.

1. Corps des racines troisièmes de l'unité

Soit un ensemble K de 4 éléments distincts : $\{0, 1, a, b\}$. Dotons K des opérations d'un corps. c'est-à-dire :

- une addition,
- une multiplication, avec tout élément non nul inversible,

prolongeant à K les opérations de B.

Construisons les tables de ces opérations en remarquant que :

- pour l'addition, puisque tout élément possède un opposé :
  $x + y = x + z \Longrightarrow y = z$,
  donc sur chaque ligne et chaque colonne les éléments doivent être distincts ;
- pour la multiplication, tout élément non nul étant inversible :
  si $x \neq 0$, $x \times y = x \times z \Longrightarrow y = z$,
  donc sur chaque ligne et chaque colonne, sauf la première, les éléments seront distincts.

On obtient :

- la table d'addition contenant celle de B, complétée par :

$$\begin{aligned} a + 0 &= 0 + a = a, & b + 0 &= 0 + b = b, \\ a + 1 &= 1 + a = b, & b + 1 &= 1 + b = a, \end{aligned}$$

$$\begin{aligned} a + a &= (1 \times a) + (1 \times a) = (1+1)a = 0, \\ b + b &= 0 & \text{(même raisonnement)}, \\ a + b &= b + a = 1. \end{aligned}$$

soit :

+	0	1	a	b
0	0	1	a	b
1	1	0	b	a
a	a	b	0	1
b	b	a	1	0

- la table de multiplication, contenant celle de B, complétée par :

$$a \times 0 = 0 \times a = b \times 0 = 0 \times b = 0$$
$$a \times 1 = 1 \times a = a \qquad b \times 1 = 1 \times b = b$$

en conséquence, puisque $a \times b$ ne peut valoir ni a ni b ni 0 :

$$a \times b = 1 \quad \text{d'où} \quad a \times a = b \quad , \quad b \times a = 1 \quad \text{et} \quad b \times b = a$$

soit :

×	0	1	a	b
0	**0**	**0**	**0**	**0**
1	**0**	**1**	a	b
a	0	a	b	1
b	0	b	1	a

On vérifie que a et b sont des racines de $(x^3 + 1)$ dans K :

$$a^3 = a^2 \times a = b \times a = 1 \quad \text{et} \quad b^3 = b^2 \times b = a \times b = 1.$$

K étant composé de l'élément "0" et des trois racines de $(x^3 + 1)$ est le plus petit corps de décomposition de $(x^3 + 1)$. On obtient la décomposition sur K :

$$(x^3 + 1) = (x + 1)(x + a)(x + b).$$

2. Décomposition de $(x^3 + 1)$ sur B

En développant $(x + a)(x + b)$, ce qui est possible puisque K est un corps, et en utilisant les tables des opérations, on a :

$$\begin{aligned} x^3 + 1 &= (x+1)\bigl(x^2 + (a+b)x + ab\bigr) \\ &= (x+1)(x^2 + x + 1). \end{aligned}$$

a et b sont les racines conjuguées dans K, du polynôme $(x^2 + x + 1)$ qui est irréductible sur B puisqu'il n'a pas d'autres diviseurs que les diviseurs triviaux 1 et lui-même. Le polynôme $(x + 1)$ est visiblement irréductible également.

Remarque

Le corps étant fini est commutatif, comme on le voit en construisant la table de la multiplication.

Développons à présent la méthode pour n quelconque.

2 Corps finis d'extension de B

Comme nous allons le voir, il est possible de construire des corps finis d'extension de B à l'aide de polynômes irréductibles sur B. Or il existe au moins un polynôme irréductible de chaque degré dans $B[x]$. L'existence de corps d'extension de B est donc assurée.

Générateurs des codes cycliques

Remarque

On ne possède pas de formule pour déterminer les polynômes irréductibles de degré donné, on peut les obtenir de proche en proche. Connaissant l'un d'entre eux, $q(x)$ qui sert à définir le corps des racines de $(x^n + 1)$, nous verrons comment tous ceux qui apparaissent dans la décomposition de $(x^n + 1)$ sur B peuvent alors être déterminés.

2.1 Construction

Le théorème suivant précise la construction d'un corps d'extension de B.

THÉORÈME 1

L'anneau $B[x]/q(x)$ des polynômes à coefficients binaires, modulo un polynôme $q(x)$ de degré m est un corps d'extension de B, de 2^m éléments, si et seulement si $q(x)$ est irréductible sur B.

DÉMONSTRATION

Soit $q(x)$ un polynôme binaire de degré m, nous avons vu en IV 4.1 que pour la multiplication modulo $q(x)$, et l'addition des vecteurs binaires, $B[x]/q(x)$ est un anneau :
- composé des polynômes de P_{m-1}, donc de cardinal 2^m,
- contenant $B = \{0, 1\}$ où 0 et 1 sont considérés comme des polynômes.

a) Si $q(x)$ est irréductible sur B, l'anneau $A = B[x]/q(x)$ est un corps.

En effet, il faut prouver que chaque élément non nul est inversible pour la multiplication de l'anneau c'est-à-dire la multiplication modulo $q(x)$.

Supposons donc qu'il existe des polynômes non nuls, n'admettant pas d'inverse. Soit h l'un d'eux, de plus faible degré d_f, on a : $0 < d_f < m$ puisque
- le seul polynôme de degré 0 est 1 qui est inversible,
- h appartient à A donc $\deg(h) \leq (m-1)$.

Soit la division euclidienne de $q(x)$ par $h(x)$

$$q = hQ + R \quad \text{avec } R = 0 \text{ ou } \deg(R) < d_f.$$

Or ici $R \neq 0$, sinon q ne serait pas irréductible, donc $\deg(R) < \deg(h)$, ce qui implique que R admet un inverse sinon h ne serait pas un non-inversible de degré minimum, c'est-à-dire

$$\exists R' \text{ tel que } \quad RR' \bmod q = 1$$

et l'on a
$$\begin{aligned} qR' \bmod q &= 0 = (hQ + R)R' \bmod q \\ &= hQR' \bmod q + 1 \end{aligned}$$

d'où $$hQR' \bmod q = 1.$$

Le polynôme h admet donc QR' comme inverse, ce qui est en contradiction avec sa définition. Les éléments non nuls de A sont donc inversibles.

b) Réciproquement, si $B[x]/q(x)$ est un corps, $q(x)$ est irréductible.

En effet, supposons que $q(x)$ ne soit pas irréductible, il admet donc des diviseurs a et b autres que 1 et lui-même, on pourra écrire

$$\text{dans } B[x] \ : \quad q = ab$$
$$\text{dans } B[x]/q(x) \ : \quad ab \bmod q = 0.$$

avec $\quad \deg(a) < \deg(q) \quad \text{et} \quad \deg(b) < \deg(q).$

Or puisque $B[x]/q(x)$ est un corps, a et b sont inversibles pour la multipication modulo $q(x)$ donc :

$$a^{-1}a \bmod q = 1$$

d'où

$$b \bmod q = (a^{-1}a)b \bmod q = a^{-1}(ab) \bmod q = 0$$

Mais $b \bmod q = 0$ est impossible puisque $1 \leq \deg(b) \leq m-1$ donc q est irréductible.

c) L'addition et la multiplication modulo $q(x)$ prolongent les opérations de B, $B[x]/q(x)$ est donc un corps d'extension de B.

$\square$

Exemple 1

Le polynôme $(x^2 + x + 1)$ est irréductible sur B (paragraphe 1.3) ; l'ensemble $B[x]/(x^2+x+1)$ composé des 2^2 éléments de P_1 : $0, 1, x, (x+1)$ est donc un corps pour les deux opérations prolongeant les opérations de B, c'est-à-dire :

- l'addition (les coefficients des termes de même degré s'ajoutant modulo 2)

+	0	1	x	$x+1$
0	0	1	x	$x+1$
1	1	0	$x+1$	x
x	x	$x+1$	0	1
$x+1$	$x+1$	x	1	0

- la multiplication modulo (x^2+x+1)

×	0	1	x	$x+1$
0	0	0	0	0
1	0	1	x	$x+1$
x	0	x	$x+1$	1
$x+1$	0	$x+1$	1	x

puisque

$$\begin{aligned} x^2 &= (x^2+x+1) + x + 1 \\ x(x+1) &= x^2 + x = (x^2+x+1) + 1 \\ (x+1)^2 &= x^2 + 1 = (x^2+x+1) + x. \end{aligned}$$

Pour m fixé, tous les corps de 2^m éléments ont des tables d'opérations identiques, aux noms des éléments près. On dit que ces corps sont isomorphes. Ainsi en posant $a = x$ et $b = (x+1)$, le corps $B[x]/(x^2+x+1)$ est précisément le corps $K(2^2) = \{0, 1, a, b\}$ étudié en 1.3.

On parlera donc *du* corps à 2^m éléments, noté $\boldsymbol{K(2^m)}$, dont on peut donner plusieurs représentations.

D'après la construction, le cardinal de tout corps fini d'extension de B est de la forme 2^m.

Le polynôme $(x^n + 1)$ ne s'annule pas pour $x = 0$, si $K(2^m)$ contient les n racines de $(x^n + 1)$, celles-ci se trouvent parmi les éléments de $K(2^m) \setminus \{0\}$ où nous allons à présent étudier leur localisation.

2.2 Structure de $\boldsymbol{G = K(2^m) \setminus \{0\}}$

L'ensemble des éléments *non nuls* de $K(2^m)$ doté de la multiplication a une structure de "groupe fini",
- il possède $(2^m - 1)$ éléments,
- il est qualifié de "commutatif" parce que la multiplication dans un corps fini est commutative, comme nous l'avons signalé en remarque dans 1.3.

Ce groupe, noté $\boldsymbol{G}$, est appelé *"le groupe multiplicatif de K"*. Sa table d'opération est déduite de la table de multiplication de $K(2^m)$ en supprimant la première ligne et la première colonne (c'est-à-dire les produits par l'élément nul).

2.2.1 Eléments de G

Soit a dans G, en multipliant a par chacun des éléments y de G on obtient tous les éléments d'une ligne (ou d'une colonne) de la table de multiplication, c'est-à-dire tous les éléments du groupe. Le produit des ay quand y parcourt G est donc le produit des y ; chaque élément y ayant un inverse, leur produit vaut 1, soit :

$$\prod_{y \in G}(ay) = \prod_{y \in G}(y) = 1.$$

D'autre part la commutativité de la multiplication permet de regrouper les facteurs a, d'où, en notant $|G|$ le cardinal de G :

$$\prod_{y \in G}(ay) = a^{|G|} \prod_{y \in G}(y)$$

ce qui implique :

$$\forall a \in G \;:\; a^{|G|} = 1. \qquad (3)$$

Or $|G| = 2^m - 1$, donc dans $K(2^m)$, le groupe multiplicatif est :

$$\boxed{G = \left\{ \text{racines de } (x^{2^m-1} + 1) \right\}.} \qquad (4)$$

Etant les $(2^m - 1)$ éléments distincts de G, ces racines sont "simples", c'est-à-dire que si a est une racine, $(x^{2^m-1} + 1) = (x + a)h(x)$, avec $h(a) \neq 0$.

Ordre d'un élément

a) Toute puissance d'un élément a de G est un élément de G, mais le groupe étant fini, les a^k, pour $k \in \mathbb{Z}$, ne peuvent prendre qu'un nombre fini de valeurs ; il existe donc des entiers k et k' distincts tels que $a^k = a^{k'}$, c'est-à-dire :

$$a^{k-k'} = 1 \quad \text{avec } (k - k') \neq 0.$$

Le plus petit entier $r > 0$ tel que $a^r = 1$ s'appelle "l'ordre de a".

b) Tout entier s strictement positif tel que $a^s = 1$ est multiple de l'ordre r de a, en effet, soit la division euclidienne $s = rq + t$ avec $t < r$, on a :

$$a^s = 1 \Longrightarrow (a^r)^q \, a^t = a^t = 1,$$

ce qui n'est possible que pour $t = 0$ puisque t est inférieur à r, d'où $s = rq$.

c) En conséquence, en tenant compte de (3), le cardinal de G est multiple de l'ordre de chaque élément de G.

2.2.2 Sous-groupes de G

Soit a un élément de G d'ordre r, considérons l'ensemble :

$$H = \left\{ a, \ a^2, \ a^3, \ \ldots, \ a^r = 1 \right\}. \tag{5}$$

H, sous ensemble non vide de G, est doté de la même opération de multiplication que G, c'est-à-dire que :

— le produit de deux éléments a^k et $a^{k'}$ de H appartient à H, en effet, a^r étant égal à 1 peut s'écrire a^0 et l'on a :

$$\begin{aligned} a^k a^{k'} &= a^{k+k'} \\ k + k' &= rq + s \quad \text{avec } 0 \leq s \leq r - 1 \\ \Longrightarrow \quad a^{k+k'} &= a^s \in H \ ; \end{aligned}$$

— tout élément admet un inverse, en effet, soit a^k, $0 \leq k \leq (r-1)$, un élément de H, il a pour inverse a^{r-k} puisque

$$\begin{aligned} a^k a^{r-k} &= 1 \\ \text{avec} \quad a^{r-k} &\in H \quad \text{car } 0 \leq r - k \leq r - 1. \end{aligned}$$

H est alors un "sous-groupe" de G, de cardinal r, noté souvent $H(r)$ où, comme nous l'avons vu ci-dessus en c), r divise $|G| = 2^m - 1$.

Tout élément de $H(r)$ vérifie $x^r = 1$, on a donc le résultat suivant.

Dans $K(2^m)$, à tout élément d'ordre r correspond $H(r)$ sous-groupe de G tel que :

$$\boxed{H(r) = \{ \text{ racines de } (x^r + 1) \}.} \tag{6}$$

Les r racines de $(x^r + 1)$ étant les r éléments de $H(r)$, sont des racines simples.

2.2.3 Cyclicité de G et de ses sous-groupes

Soit $H(r)$ défini en (5) ; pour $k > r$, toute puissance $k^{ème}$ de a est égale à l'un des éléments de H, or :

$$a^r = 1 \implies a^{r+1} = a^r a = a$$
$$\implies a^{r+2} = a^2, \quad \text{etc.}$$

Soit $k = rq + s$, on note $k \bmod r$ le reste de la division de k par r, d'où :

$$k \bmod r = s \implies a^k = a^s.$$

Pour cette raison on dit que H a une structure de groupe "cyclique" ; c'est-à-dire que par définition :
- il est fini,
- l'ordre d'au moins un de ses éléments (ici a) est égal au cardinal du groupe.

Cet élément est appelé "générateur" ou "primitif" de H.

L'intérêt fondamental d'un groupe cyclique est que tous ses éléments s'expriment en fonction du générateur.

Plusieurs éléments du groupe peuvent jouer le rôle de générateur.

Cyclicité de G

Nous allons maintenant montrer que G lui-même est doté de cette propriété de cyclicité. Il faut donc prouver l'existence d'un élément dont l'ordre est égal au cardinal de G.

Exposant de G

Soit ω le plus petit commun multiple des ordres r_j de tous les éléments de G, appelé "exposant" du groupe G :

$$\omega = \text{ppcm}(r_j).$$

a) Montrons tout d'abord qu'il existe dans G un élément d'ordre ω.

• Soit a d'ordre r et b d'ordre s deux éléments de G, si r et s sont premiers entre eux l'élément ab a pour ordre rs.

En effet, la *commutativité* du produit dans G permet d'écrire :
- $(ab)^{rs} = (a^r)^s (b^s)^r = 1$;
- $\forall t$, entier > 0 tel que $(ab)^t = 1$, t est multiple de rs car :
  - $[(ab)^t]^r = (a^r)^t b^{tr} = b^{tr}$,
    d'où tr est multiple de l'ordre s de b,
    or r et s sont premiers entre eux, t est donc multiple de s ;
  - un raisonnement analogue montre que t est aussi multiple de r.

Donc ordre $(ab) = rs$.

- Soit maintenant a et b deux éléments de G d'ordres r et s quelconques.

  Décomposons r et s en produit de facteurs premiers et considérons leur ppcm. En groupant les facteurs appartenant à r d'une part et les facteurs appartenant à s de l'autre, il peut s'écrire sous la forme :
  $$\mathrm{ppcm}(r,s) = r^\star s^\star \quad \text{où} \quad r^\star \text{ divise } r \text{ et } s^\star \text{ divise } s,$$
  $$\text{avec } r^\star \text{ et } s^\star \text{ premiers entre eux}.$$

  Par exemple, $r = 2^3 3^2 \times 5$ et $s = 3^4 \times 7$ donnent :
  $$\mathrm{ppcm}(r,s) = 2^3 3^4 \times 5 \times 7 = (2^3 \times 5)(3^4 \times 7) = r^\star s^\star.$$

  Or dans G il existe c d'ordre $r^\star$ et d d'ordre $s^\star$, en effet
  - $c = a^{r/r^\star}$ est d'ordre $r^\star$, puisque :
    - $(a^{r/r^\star})^{r^\star} = a^r = 1$,
    - si t, entier positif inférieur à $r^\star$, était tel que $(a^{r/r^\star})^t = 1$ on aurait : $(a^r)^{t/r^\star} = 1$, avec $r(t/r^\star) < r$, ce qui est impossible ;
  - de même l'élément $d = b^{s/s^\star}$ est d'ordre $s^\star$.

  Donc, d'après a), cd a pour ordre $r^\star s^\star = \mathrm{ppcm}(r,s)$.

On en conclut que dans tous les cas,
$$\forall a \in G \text{ d'ordre } r, \forall b \in G \text{ d'ordre } s, \quad \exists u \in G \text{ tel que}$$
$$\mathrm{ordre}(u) = \mathrm{ppcm}\bigl(\mathrm{ordre}(a), \mathrm{ordre}(b)\bigr).$$

- Soit alors $v \in G$ d'ordre t, on déduit de ce qui précède :
$$\exists w \in G \text{ tel que ordre}(w) = \mathrm{ppcm}\bigl(\mathrm{ordre}(u), \mathrm{ordre}(v)\bigr)$$
$$= \mathrm{ppcm}\bigl(\mathrm{ordre}(a), \mathrm{ordre}(b), \mathrm{ordre}(v)\bigr).$$

De proche en proche on peut donc trouver dans G un élément dont l'ordre est le ppcm des différents ordres des éléments de G.

b) Montrons à présent que $\omega = |G|$.

Soit b un élément de G d'ordre ω, donc ω divise $|G|$ d'où :
$$\omega \leq |G|.$$

D'autre part, d'après la définition de ω,
$$\forall a \in G : a^\omega = 1,$$
c'est-à-dire que tous les éléments non nuls de K sont racines de $(x^\omega + 1)$. Or *dans un corps* le nombre de racines d'un polynôme ne peut excéder son degré, d'où
$$|G| \leq \omega.$$

Il s'en suit que $\omega = |G|$.

Le groupe G, de cardinal $(2^m - 1)$, est donc cyclique. Si α est un générateur de G on peut le décrire comme suit :
$$\boxed{G = \left\{1, \alpha, \alpha^2, \ldots, \alpha^{2^m - 2}\right\}, \quad \text{avec } \alpha^{2^m - 1} = 1.} \tag{7}$$

Remarque

Un générateur α ou élément primitif du groupe multiplicatif G de K est appelé également "élément primitif de K".

Détermination des sous-groupes cycliques

Pour tout diviseur r de $n = |G|$ il existe un élément d'ordre r dans G, donc un sous-groupe $H(r)$ cyclique.

En effet, soit $n = |G|$ et $n = zr$, et soit α un générateur du groupe cyclique G :

$$(\alpha^z)^r = 1 \quad \text{et} \quad (\alpha^z)^p \neq 1 \text{ pour } p < r.$$

Les sous-groupes cycliques sont donc déterminés par les diviseurs de $|G|$.

Les puissances successives de $\beta = \alpha^z$ forment alors un sous-groupe cyclique $H(r)$, dont les éléments sont les racines de $(x^r + 1)$:

$$\boxed{H(r) = \left\{1,\ \beta,\ \beta^2,\ \ldots\ \beta^{r-1}\right\} \quad \text{avec } \beta^r = 1.} \tag{8}$$

G étant un sous-groupe trivial de lui-même, la proposition suivante regroupe les résultats de ce paragraphe.

PROPOSITION 1

Soit le corps $K(2^m)$; pour tout r diviseur de $(2^m - 1)$ il existe un sous-groupe cyclique $H(r)$ de $G = K \setminus \{0\}$ tel que :

- *$H(r)$ est l'ensemble des racines de $(x^r + 1)$ dans $K(2^m)$;*
- *les éléments de $H(r)$ sont des puissances d'un élément primitif de $H(r)$;*
- *si α est primitif dans G, un élément primitif de $H(r)$ est $\beta = \alpha^z$ avec $(2^m - 1) = zr$.*

Le cas $H(r) = G$ correspond à $r = (2^m - 1)$.

Exemple 2

Soit le corps $K(2^4)$, son groupe multiplicatif G est de cardinal 15 ; si α est un élément primitif de G, $\alpha^{15} = 1 = \alpha^0$, d'où l'ensemble des racines de $(x^{15} + 1)$:

$$G(15) = \left\{1,\ \alpha,\ \alpha^2,\ \ldots,\ \alpha^{14}\right\}.$$

Les diviseurs r de $|G|$ étant 1, 3, 5, et 15, les sous-groupes $H(r)$ de G, différents de G, sont engendrés par α^z avec z tel que $zr = 15$, on obtient :

r	Sous-groupe	Un générateur	Eléments
1	$H(1)$	$\beta = \alpha^0$	1
3	$H(3)$	$\beta = \alpha^5$	$1, \alpha^5, \alpha^{10}$
5	$H(5)$	$\beta = \alpha^3$	$1, \alpha^3, \alpha^6, \alpha^9, \alpha^{12}$

d'où
$$H(1) = \left\{\text{racines de } (x + 1)\right\},$$
$$H(3) = \left\{\text{racines de } (x^3 + 1)\right\},$$
$$H(5) = \left\{\text{racines de } (x^5 + 1)\right\}.$$

2.3 Corps des racines $n^{èmes}$ de l'unité

Il s'agit à présent de résoudre le problème inverse : pour n quelconque, trouver le plus petit corps contenant l'ensemble des racines de $(x^n + 1)$. Il est de la forme $K(2^m)$, il s'agit donc de déterminer m.

Premier cas : n impair

a) La situation la plus simple correspond à n de la forme $(2^m - 1)$.

D'après (4) les racines de $(x^n + 1)$ sont tous les éléments de $G = K(2^m) \setminus \{0\}$, donc :

$$\boxed{\text{si } n = (2^m - 1), \quad \text{le corps des racines } n^{èmes} \text{ de l'unité est } K(2^m).} \qquad (9)$$

Sur ce corps le polynôme (x^n+1) se décompose en n facteurs du premier degré ; cette décomposition peut s'exprimer en fonction d'un élément primitif α de G :

$$x^n + 1 = \prod_{k=0}^{n-1} (x + \alpha^k).$$

α est dite *racine primitive $n^{ème}$ de l'unité*.

Par exemple on obtient pour $n = 3, 7$ et 15 les corps suivants :

$$\begin{array}{c|c|c} m & n = 2^m - 1 & K(2^m) \\ \hline 2 & 3 & K(2^2) \\ 3 & 7 & K(2^3) \\ 4 & 15 & K(2^4) \end{array} \qquad (10)$$

b) Si n, impair, n'est pas de la forme $(2^m - 1)$,

il faut trouver un corps $K(2^m)$ dont un sous-groupe $H(n)$ de G soit l'ensemble des n racines de $(x^n + 1)$. Pour cela n doit diviser $(2^m - 1)$ et comme nous souhaitons une décomposition dans le plus petit corps possible, il faut prendre pour m, le plus petit entier positif tel que :

$$2^m - 1 = nz \quad \text{ou} \quad 2^m \bmod n = 1.$$

On obtient le résultat suivant qui généralise (9), le cas a) correspondant à $z = 1$:

$$\boxed{\begin{array}{c} \text{le corps des racines } n^{èmes} \text{ de l'unité est } K(2^m) \\ \text{où } m \text{ est le plus petit entier tel que } 2^m \bmod n = 1. \end{array}} \qquad (11)$$

Soit α un élément primitif de $K(2^m)$, $\beta = \alpha^z$ est alors un élément primitif de $H(n)$ et une racine primitive $n^{ème}$ de l'unité, d'où l'expression des racines de $(x^n + 1)$:

$$(\alpha^z)^k, \quad 0 \leq k \leq n-1$$

et la décomposition de $(x^n + 1)$ sur K :

$$x^n + 1 = \prod_{k=0}^{n-1} \left(x + (\alpha^z)^k\right).$$

Exemple 3

Pour la décomposition de $(x^5 + 1)$, puisque $n = 5$ n'est pas de la forme $(2^m - 1)$ il faut chercher le plus petit m tel que $2^m \bmod 5 = 1$.

m	2^m	$2^m \bmod 5$
2	4	4
3	$8 = 5 + 3$	3
4	$16 = 3 \times 5 + 1$	1

On trouve $m = 4$, le corps $K(2^4)$ est le plus petit corps contenant les 5 racines de $(x^5 + 1)$ c'est-à-dire le corps des racines 5èmes de l'unité.

Si α est un élément primitif de K, puisque $15 = 3 \times 5$, $\beta = \alpha^3$ est une racine primitive de $(x^5 + 1)$ dans $H(5)$, d'où la décomposition de $(x^5 + 1)$ sur $K(2^4)$:

$$x^5 + 1 = (x+1)(x+\alpha^3)(x+\alpha^6)(x+\alpha^9)(x+\alpha^{12}).$$

Remarque

$K(2^4)$ est aussi le corps des racines 15èmes de l'unité $\bigl(\text{voir } (10)\bigr)$.

Il contient également toutes les racines 3èmes de l'unité, qui sont les éléments de $H(3)$, sous-groupe de G (exemple 2), mais il n'est pas *le plus petit* corps de décomposition de $(x^3 + 1)$ celui-ci étant $K(2^2)$.

Deuxième cas : n pair

Si 2^k est la plus grande puissance de 2 qui divise n alors n peut s'écrire :

$$n = 2^k N, \text{ avec } N \text{ impair}$$
$$\Longrightarrow \quad x^n + 1 = x^{2^k N} + 1 = (x^N + 1)^{2^k}.$$

Les racines de $(x^n + 1)$ sont donc celles de $(x^N + 1)$, à un ordre de multiplicité 2^k. La décomposition de $(x^n + 1)$ relève alors du cas précédent.

Remarque

Le cas particulier où $N = 1$, redonne la décomposition immédiate, déjà mentionnée en 1.1, de $(x^n + 1)$ en 2^k facteurs égaux à $(x + 1)$.

Exemple 4

$(x^{10} + 1) = (x^5 + 1)^2$, d'où en utilisant la décomposition de $(x^5 + 1)$ ci-dessus,

$$x^{10} + 1 = (x+1)^2 \, (x+\alpha^3)^2 \, (x+\alpha^6)^2 \, (x+\alpha^9)^2 \, (x+\alpha^{12})^2.$$

que l'on peut détailler en produit de dix facteurs du 1er degré.

Pour décomposer $(x^n + 1)$, avec n quelconque, sur un corps d'extension de B,
il suffit de savoir le faire pour n impair.

3 Décomposition de $(x^n + 1)$ sur B

Soit donc n impair.

Tout diviseur non trivial $f(x)$ de $(x^n + 1)$, différent de 1, est le produit d'un certain nombre de facteurs apparaissant dans la décomposition de $(x^n + 1)$ dans K, soit :

$$f(x) = \prod_{j \in \mathcal{E}} (x + \alpha^j) \qquad \mathcal{E} \subset \{1, 2, \ldots n\}, \qquad \mathcal{E} \neq \emptyset.$$

α étant une racine primitive de $(x^n + 1)$.

Il s'agit de déterminer les ensembles $\mathcal{E}$ correspondant à des facteurs de $(x^n + 1)$ à coefficients dans B et irréductibles sur B.

3.1 Polynôme minimal

Pour tout élément non nul a d'un corps $K(2^m)$, il existe au moins un polynôme à coefficients dans B, ayant a comme racine, le polynôme $(x^{2^m-1} + 1)$ lui-même.

Il en existe un seul de plus faible degré en effet, supposons qu'il existe deux polynômes binaires distincts μ et h de même degré minimum ν, ayant a comme racine, leur somme est telle que :

$$\begin{aligned}(\mu + h)(x) &= \mu(x) + h(x) \in B[x] \\ (\mu + h)(a) &= \mu(a) + h(a) = 0\end{aligned}$$

Le coefficient du terme de plus haut degré de μ et h étant 1 :

$$\deg(\mu) = \deg(h) = \nu \implies \deg(\mu + h) < \nu,$$

ce qui est contraire à la définition de ν.

DÉFINITION

On appelle polynôme minimal de l'élément a de $K(2^m)$ le polynôme μ de plus faible degré, à coefficients dans B, ayant a comme racine.
S'il admet comme racine un élément primitif de $K(2^m)$ il est appelé primitif.

PROPOSITION 2

Le polynôme minimal μ d'un élément a du corps K

a) est irréductible sur B,

b) divise tout polynôme binaire admettant a comme racine.

c) a toutes ses racines simples et situées dans K.

En effet :

a) Si μ n'était pas irréductible, il pourrait se décomposer en produit de deux facteurs non constants et l'on aurait :

$$\begin{aligned}\mu(x) &= h_1(x)\, h_2(x) \\ \mu(a) = 0 &\implies h_1(a) \text{ ou } h_2(a) = 0 \\ &\quad \text{avec } deg(h_1) < \deg(\mu) \text{ et } \deg(h_2) < \deg(\mu)\end{aligned}$$

ce qui est impossible puisque μ est de degré minimum.

b) Soit f un polynôme de $B[x]$ s'annulant dans K pour $x = a$ et soit la division euclidienne de f par μ :

$$\begin{aligned} f(x) &= \mu(x)\, q(x) + r(x) \\ &\quad \text{avec } r(x) = 0 \text{ ou } \deg(r) < \deg(\mu) \\ f(a) &= \mu(a) = 0 \Longrightarrow r(a) = 0 \end{aligned}$$

r ne peut être que le polynôme nul, sinon μ ne serait pas le polynôme de plus faible degré ayant a comme racine.

c) Puisque $(x^{2^m-1}+1)$ admet a comme racine il est multiple de μ. Or d'après (4), toutes ses racines appartiennent à $K(2^m)$ et sont simples donc celles de μ également et leur nombre donne le degré du polynôme. Ce sont des *racines conjuguées*.

□

3.2 Racines conjuguées dans K

Il s'agit de repérer dans le corps $K(2^m)$ les racines de chaque polynôme minimal.

PROPOSITION 3

| *L'ensemble des racines d'un polynôme minimal est stable par élévation au carré.*

Cela signifie que si μ admet a comme racine, a^2 est aussi une de ses racines.

a) Remarquons que tout polynôme $f(x)$ binaire vérifie la relation suivante qui généralise (1) :

$$f(x^2) = \bigl(f(x)\bigr)^2 ; \qquad (12)$$

en effet soit $f(x)$ de degré p, il s'écrit :

$$f(x) = f_1 x^p + f_2 x^{p-1} + \ldots + f_{p+1}, \qquad \text{où les } f_j \in B$$

d'où

$$f(x^2) = f_1 x^{2p} + \ldots + f_{p+1}$$

et les doubles produits étant nuls :

$$\bigl(f(x)\bigr)^2 = f_1^2 x^{2p} + \ldots + f_{p+1}^2.$$

Or dans $B = \{0,1\}$, tout élément est égal à son carré :

$$\forall j = 1, 2, \ldots, (r+1) : f_j = f_j^2 \quad \text{donc} \quad f(x^2) = \bigl(f(x)\bigr)^2.$$

b) Puisque le polynôme μ est binaire, il vérifie la relation (12) ; a étant racine de μ, on a :

$$\mu(a) = 0 \quad \Longrightarrow \quad \bigl(\mu(a)\bigr)^2 = 0 \quad \Longrightarrow \quad \mu(a^2) = 0.$$

L'élément a^2 est donc aussi racine de μ, de même a^4 comme carré de a^2, a^8 carré de a^4 et ainsi de suite.

Cependant le nombre de ces racines est fini, ce qui signifie que plusieurs puissances $(2^k)^{èmes}$ de a ont la même valeur. Soit ν le plus petit entier > 0 tel que :

$$a^{2^\nu} = a, \qquad (13)$$

le polynôme μ a pour racines :

$$a, a^2, a^{2^2}, a^{2^3}, \ldots, a^{2^{\nu-1}}. \qquad (14)$$

Il n'en a pas d'autre car s'il admettait une racine b différente des précédentes, il serait non irréductible car multiple non trivial du polynôme minimal de b.
Son degré est égal au nombre de ses racines, soit

$$\deg(\mu) = \nu. \qquad \square$$

Classes cyclotomiques

En fonction d'un élément primitif α de K les racines du polynôme minimal μ de a, données en (14) s'écrivent :

$$(\alpha^k), (\alpha^k)^2, (\alpha^k)^{2^2}, \ldots, (\alpha^k)^{2^{\nu-1}}, \quad \text{avec} \quad (\alpha^k)^{2^\nu} = \alpha^k. \qquad (15)$$

Ce sont des éléments du groupe cyclique G, les exposants sont donc calculés *de proche en proche par multiplication par 2 modulo* $(2^m - 1)$, on obtient l'ensemble :

$$\mathcal{E}_k = \left\{ k,\ 2k,\ 4k,\ \ldots,\ 2^{\nu-1}k \right\}, \quad \text{avec} \quad 2^\nu k \bmod (2^m - 1) = k.$$

nommé *classe cyclotomique de* α^k. Le terme *cyclotomique* signifie que ces exposants forment un cycle dans une *partie* de l'ensemble $\{1, 2, \ldots, n\}$.

Ainsi à chaque élément non nul $a = \alpha^k$ de K, correspond son polynôme minimal :

$$\mu_k(x) = \prod_{j \in \mathcal{E}_k} (x + \alpha^j), \quad \mathcal{E}_k = \text{classe cyclomotique de } \alpha^k. \qquad (16)$$

Sous cette forme $\mu_k(x)$ est à coefficients dans K, mais par définition il appartient à $B[x]$ et nous développerons un peu plus loin son expression comme polynôme à coefficients dans B.

Exemple 5

Soit $K(2^3)$ et α un élément primitif, déterminons la classe cyclotomique de α^3. Ses éléments sont les exposants des racines conjuguées de α^3, ils sont calculés par multiplication par 2 modulo $(2^3 - 1) = 7$, on obtient :

$$3, \quad 3 \times 2 = 6, \quad 6 \times 2 \bmod 7 = 5, \quad \text{avec} \quad 5 \times 2 \bmod 7 = 3$$

d'où $$\text{classe } 3 = \mathcal{E}_3 = \{3, 6, 5\}.$$

Les trois racines α^3, α^6, α^5 sont conjuguées et leur polynôme minimal est :

$$\mu_3(x) = (x + \alpha^3)(x + \alpha^6)(x + \alpha^5).$$

Ordre des racines de μ

Les racines d'un polynôme minimal vérifient la propriété suivante.

PROPOSITION 4

Toutes les racines d'un polynôme minimal sont de même ordre

En effet, puisque l'ensemble des racines est stable par élévation au carré, il suffit de montrer que si une racine de μ est d'ordre r, son carré l'est également.
Soit donc a d'ordre r, racine du polynôme minimal μ, on a :
- $(a^2)^r = (a^r)^2 = 1$;
- $\forall k < r, (a^2)^k \neq 1$ sinon $(a^{2k} + 1) = 0 \Longrightarrow (a^k + 1)^2 = 0 \Longrightarrow a^k = 1$
  ce qui est impossible puisque a est d'ordre r et $k < r$.

Ainsi en particulier si μ est primitif, toutes ses racines sont aussi primitives.

3.3 Facteurs de $(x^n + 1)$ irréductibles sur B

Chaque racine de $(x^n + 1)$ admet un polynôme minimal, diviseur de $(x^n + 1)$, binaire et irréductible sur B ; plusieurs racines ont le même polynôme minimal.
Connaissant la décomposition de $(x^n + 1)$ sur K, la méthode de factorisation en polynômes irréductibles sur B est la suivante :

1. choisir une racine a de (x^n+1) dans K, déterminer ses conjuguées et l'expression de leur polynôme minimal commun μ_a ;
2. choisir une autre racine de $(x^n + 1)$, b, différente des précédentes, calculer μ_b ;
3. ainsi de suite jusqu'à épuisement des racines de $(x^n + 1)$.

Cela revient à faire une partition de $(1, 2, \ldots, n)$ en classes cyclotomiques.

Exemple 6

Déterminons tous les polynômes minimaux des racines de $(x^7 + 1)$ dans $K(2^3)$.
Les classes cyclotomiques modulo 7 des éléments de G sont :

$$\begin{array}{lll} \text{classe } 0 & : & \{0\} \\ \text{classe } 1 & : & \{1, 2, 4\} \quad (2 \times 4 \bmod 7 = 1) \\ \text{classe } 3 & : & \{3, 6, 5\} \quad (2 \times 5 \bmod 7 = 3) \quad \text{(déjà vu)} \end{array} \qquad (17)$$

D'où les polynômes minimaux μ_k où k désigne la classe correspondante :

$$\begin{array}{rll} \mu_0(x) &= (x+1) & \text{de degré 1} \\ \mu_1(x) &= (x+\alpha)(x+\alpha^2)(x+\alpha^4) & \text{de degré 3} \\ \mu_3(x) &= (x+\alpha^3)(x+\alpha^6)(x+\alpha^5) & \text{de degré 3} \end{array}$$

et la décomposition de $(x^7 + 1)$ en facteurs irréductibles sur B :

$$x^7 + 1 = \mu_0(x)\mu_1(x)\mu_3(x). \qquad (18)$$

Remarque

Si l'ensemble des racines de (x^n+1) est $H(n)$, sous-groupe du groupe multiplicatif G de K, ces racines peuvent s'exprimer en fonction d'un générateur β de H. Les polynômes minimaux diviseurs de $(x^n + 1)$ sont déterminés par leurs racines β^j et chacune de celles-ci par leur classe cyclotomique modulo $n = |H|$.

Exemple 7

Nous avons vu (exemple 3) que dans $K(2^4)$, $\beta = \alpha^3$ était élément primitif de $H(5)$, ensemble des racines 5èmes de l'unité donc :

$$x^5 + 1 = (x+1)(x+\beta)(x+\beta^2)(x+\beta^3)(x+\beta^4).$$

La classe cyclotomique modulo 5 de β est :

$$\text{classe } 1 = \{1, 2, 4, 3\}, \quad (\text{ avec } 3 \times 2 \bmod 5 = 1)$$

d'où le polynôme minimal correspondant, de degré 4 :

$$\begin{aligned} \mu_\beta(x) &= (x+\beta)(x+\beta^2)(x+\beta^4)(x+\beta^3) \\ &= (x+\alpha^3)(x+\alpha^6)(x+\alpha^{12})(x+\alpha^9). \end{aligned}$$

3.4 Expression d'un polynôme minimal dans $B[x]$

En développant l'expression de μ_k, fonction de ses racines dans K, on obtient pour coefficients des sommes de produits d'éléments α^j. Les opérations dans le corps $K(2^m)$, (addition et multiplication) permettent de calculer ces coefficients dans K. Si l'on a établi les tables d'opération, il suffit de simples lectures. Puisque les polynômes μ_k sont binaires, il s'agit des éléments 0 ou 1 de K.

Plus rapidement, on utilise la représentation de $K(2^m)$ par $B[x]/q(x)$, avec $q(x)$ polynôme de degré m, irréductible sur B.

Les éléments de $K(2^m)$ sont identifiés

- soit aux polynômes de P_{m-1}, dotés d'une multiplication modulo $q(x)$,
- soit aux vecteurs de B^m (associés à ces polynômes).

On remarque que $q(x)$ est le polynôme minimal de x, en effet

- il est par définition irréductible,
- il admet la racine $a = x$ qui est un élément de K dans sa représentation par des polynômes puisque $q(x) \bmod q(x) = 0$.

L'exemple suivant illustre l'emploi des deux formes, vectorielle et polynomiale, sous lesquelles les éléments de K peuvent figurer.

Exemple 8

L'exemple 6 a décrit les polynômes minimaux des racines de $(x^7 + 1)$ dans le corps $K(2^3)$; exprimons-les dans $B[x]$.

- Le polynôme $q(x) = (x^3 + x + 1)$ étant irréductible sur B et de degré 3, $K(2^3)$ peut être représenté par $B[x]/(x^3 + x + 1)$.

- Le nombre 7 étant premier, ses seuls diviseurs sont 1 et 7, les éléments de $K(2^3)$, à l'exception de 1 qui est d'ordre 1, sont tous primitifs. Prenons $\alpha = x$ comme élément primitif, alors :

$$\forall k, \quad \alpha^k = x^k \bmod q(x), \tag{19}$$

Nous savons que : $(x^7 + 1) = \mu_0(x)\mu_1(x)\mu_3(x)$.

- L'expression de μ_0 dans $B[x]$ est déjà connue puisque quel que soit n :

$$\mu_0(x) = (x+1).$$

- Comme nous venons de le voir, $q(x)$ est le polynôme minimal de x, d'où :

$$\mu_1(x) = x^3 + x + 1.$$

- D'après l'exemple 6

$$\mu_3 = (x + \alpha^3)(x + \alpha^6)(x + \alpha^5)$$

Développons cette expression et calculons les exposants modulo 7, il vient :

$$\begin{aligned}\mu_3(x) &= x^3 + (\alpha^5 + \alpha^6 + \alpha^3)x^2 + (\alpha^{11} + \alpha^8 + \alpha^9)x + \alpha^{14} \\ &= x^3 + (\alpha^5 + \alpha^6 + \alpha^3)x^2 + (\alpha^4 + \alpha + \alpha^2)x + 1.\end{aligned}$$

Première méthode

Identifions les éléments de K aux polynômes de P_2 en appliquant (19) :

$$\begin{aligned}\alpha^0 &= 1 \\ \alpha &= x, \\ \alpha^2 &= x^2 \\ \alpha^3 &= x^3 \bmod q(x) &&= x+1 \\ \alpha^4 &= x(x+1) \bmod q(x) &&= x^2+x \\ \alpha^5 &= x(x^2+x) \bmod q(x) &&= x^2+x+1 \\ \alpha^6 &= x(x^2+x+1) \bmod q(x) &&= x^2+1\end{aligned} \tag{20}$$

On obtient pour les coefficient de μ_3 :

$$(\alpha^5 + \alpha^6 + \alpha^3) = 1 \quad \text{et} \quad (\alpha^4 + \alpha + \alpha^2) = 0$$

d'où
$$\mu_3(x) = x^3 + x^2 + 1.$$

Deuxième méthode

μ_3, polynôme de degré 3, est donc de la forme :

$$\mu_3(x) = x^3 + b_2 x^2 + b_3 x + b_4$$

et s'annule en particulier pour $x = \alpha^3$, d'où :

$$(\alpha^3)^3 + b_2(\alpha^3)^2 + b_3(\alpha^3) + b_4(\alpha^3)^0 = 0. \tag{21}$$

Les expressions de α^3 et α^6 sont données en (20) et $\alpha^9 = (x^7 x^2) \bmod q(x) = x^2$, d'où la représentation vectorielle des $(\alpha^3)^k$ figurant dans (21) :

$(\alpha^3)^k$	Expression polynomiale	Expression vectorielle
$(\alpha^3)^0 = 1$	1	$(0,0,1)$
α^3	$x + 1$	$(0,1,1)$
α^6	$x^2 + 1$	$(1,0,1)$
α^9	x^2	$(1,0,0)$

L'équation (21) s'écrit alors :

$$\begin{pmatrix} 1 \\ 0 \\ 0 \end{pmatrix} + b_2 \begin{pmatrix} 1 \\ 0 \\ 1 \end{pmatrix} + b_3 \begin{pmatrix} 0 \\ 1 \\ 1 \end{pmatrix} + b_4 \begin{pmatrix} 0 \\ 0 \\ 1 \end{pmatrix} = \begin{pmatrix} 0 \\ 0 \\ 0 \end{pmatrix},$$

elle a pour solution :

$$b_2 = 1, \ b_3 = 0, \ b_4 = 1$$

d'où

$$\mu_3(x) = x^3 + x^2 + 1$$

et la décomposition complète de $(x^7 + 1)$ sur B :

$$x^7 + 1 = (x+1)(x^3 + x + 1)(x^3 + x^2 + 1).$$

4 Générateurs des codes cycliques de longueur n

Tout produit de polynomes minimaux distincts est un polynôme binaire diviseur de $(x^n + 1)$ et peut engendrer un code polynomial de longueur n. Nous ne retiendrons pas le produit de tous les polynômes minimaux, diviseur trivial $(x^n + 1)$, qui ne convient pas, comme nous l'avons déjà signalé en IV 4.2.2.

Les polynômes minimaux n'ayant que des racines simples et aucune racine commune, le polynôme générateur $g(x)$ d'un *code de longueur impaire* a toutes ses racines simples ; nous savons que ce sont des éléments du corps K des racines de $(x^n + 1)$, d'où si $s = \deg(g)$:

$$g(x) = \prod_{j=1}^{s}(x + a_j), \tag{22}$$

où les a_j sont certains éléments α^k de K avec α primitif dans K.

Exemple 9

Pour $(x^7 + 1) = \mu_0(x)\,\mu_1(x)\,\mu_3(x)$, on obtient d'après l'exemple 6 :

	$g(x)$	$\deg(g)$	Type de code
μ_0	$= x+1$	1	$\mathcal{C}c_{7,6}$
μ_1	$= (x+\alpha)(x+\alpha^2)(x+\alpha^4)$	3	$\mathcal{C}c_{7,4}$
μ_3	$= (x+\alpha^3)(x+\alpha^5)(x+\alpha^6)$	3	$\mathcal{C}c_{7,4}$
$\mu_0\mu_1$	$= (x+1)(x+\alpha)(x+\alpha^2)(x+\alpha^4)$	4	$\mathcal{C}c_{7,3}$
$\mu_0\mu_3$	$= (x+1)(x+\alpha^3)(x+\alpha^5)(x+\alpha^6)$	4	$\mathcal{C}c_{7,3}$
$\mu_1\mu_3$	$= (x+\alpha)\ldots \qquad \ldots(x+\alpha^6)$	6	$\mathcal{C}c_{7,1}$

Conclusion

Pour déterminer tous les diviseurs de $(x^n + 1)$ on décompose ce polynôme en facteurs binaires irréductibles et pour cela on recherche l'ensemble de ses racines.

Racines $n^{èmes}$ de l'unité

Il existe des corps finis dans lesquels $(x^n + 1)$ possède n racines. Ils ont tous un cardinal de la forme 2^m. Celui de plus faible cardinal est le corps, K, des racines $n^{èmes}$ de l'unité.

Tous les éléments non nuls d'un corps fini $K(2^m)$ s'expriment comme puissances $k^{èmes}$, avec $0 \leq k \leq (2^m - 2)$, de l'un d'eux α appelé primitif, d'où :

$$K = \{0\} \cup \left\{\alpha^0, \alpha, \alpha^2, \ldots, \alpha^{(2^m-2)}\right\}.$$

Décomposition de $(x^n + 1)$ sur K

Si n est impair les n racines de $(x^n + 1)$, situées dans le corps des racines $n^{èmes}$ de l'unité, sont simples. Si n est pair, $n = 2^k n^*$ avec n^* impair, les racines sont celles de $(x^{n^*} + 1)$ mais toutes d'ordre de multiplicité 2^k.

Pour n impair, les racines de $(x^n + 1)$ dans K sont les puissances successives de l'une d'elles, appelée racine primitive.

– Si $n = 2^m - 1$, cette racine est un élément primitif de K, soit α, d'où

$$x^n + 1 = (x+1)(x+\alpha)(x+\alpha^2)\ldots(x+\alpha^{n-1}).$$

Les racines de $(x^n + 1)$ sont les éléments non nuls de K.

– Si n, impair, n'est pas de la forme $(2^m - 1)$, une racine primitive de $(x^n + 1)$, β, est telle que $\beta = \alpha^z$ avec z diviseur de n, d'où

$$x^n + 1 = (x+1)(x+\beta)(x+\beta^2)\ldots(x+\beta^{n-1}).$$

Les racines de $(x^n + 1)$ sont les éléments d'un sous-groupe $H(n)$ du groupe multiplicatif G de K.

Facteurs binaires irréductibles de $(x^n + 1)$

Tout élément α^k de K est racine d'un polynôme minimal μ_k, binaire, irréductible sur B. Les racines de μ_k dites conjuguées appartiennent toutes à K et s'expriment à partir de l'une d'elles, par élévations au carré successives.

Il est équivalent de dire que leurs exposants sont stables par multiplication par 2 modulo n et forment un cycle ou classe cyclotomique dans $\{1, 2, \ldots, n\}$:

$$k,\ 2k,\ 2^2k,\ 2^3k,\ \ldots,\ 2^{\nu-1}k \quad \text{avec} \quad 2^\nu k \bmod n = k.$$

Une partition de $\{1, 2, \ldots, n\}$ suivant cette propriété détermine l'ensemble des classes cyclotomiques.

En conséquence :
- le nombre de polynômes minimaux est égal au nombre de classes cyclotomiques,
- le nombre d'éléments d'une classe k est le degré du polynôme minimal μ_k.

Un polynôme minimal μ_k de degré ν est tel que :

$$\mu_k(x) = (x + \alpha^k)(x + \alpha^{2k})(x + \alpha^{4k})\ldots(x + \alpha^{2^{\nu-1}k}).$$

La décomposition de (x^n+1) sur B est le produit de tous les polynômes minimaux :

$$x^n + 1 = \prod \mu_k.$$

Expression des polynômes minimaux

L'expression des polynômes μ_k dans $B[x]$ est calculable dans une représentation de K par un ensemble de polynômes, en identifiant K à $B[x]/q(x)$, avec $q(x)$ polynôme lui-même irréductible sur B et de degré m.

Les opérations d'addition et de multiplication du corps K permettent de calculer les coefficients des polynômes μ_k. On dispose des relations $\mu_k(\alpha^j) = 0$ pour toute racine α^j de μ_k.

Générateurs des codes de longueur donnée

La décomposition de $(x^n + 1)$ sur B ainsi obtenue permet de former tous les diviseurs de $(x^n + 1)$ et donc de définir tous les codes cycliques de longueur n.

Du choix de $g(x)$, dépend la construction de codes
- de bonne capacité de correction,
- tout en étant de rendement satisfaisant,

comme nous le verrons au chapitre suivant.

Exercices

Exercice 1

Pour n impair de 1 à 15, donner le corps des racines $n^{èmes}$ de l'unité et préciser l'ensemble de ces racines.

Le corps des racines $n^{èmes}$ de l'unité est le plus petit corps contenant les racines de (x^n+1). Ces racines sont les éléments d'un sous-groupe H du groupe multiplicatif G du corps, éventuellement G lui-même.

Rassemblons les résultats déjà établis dans le chapitre. Nous noterons entre parenthèses le nombre d'éléments de chaque structure.

Racines de	Corps	Ensemble
$x+1$	$K(2)=B$	$G(1)$
x^3+1	$K(2^2)$	$G(3)$
x^5+1	$K(2^4)$	$H(5) \subset G(15)$
x^7+1	$K(2^3)$	$G(7)$

Pour (x^9+1), déterminons le plus petit m tel que $2^m \bmod 9 = 1$; on établit les calculs pour les valeurs croissantes de l'entier m, à partir de m tel que $2^m > 9$:

m	2^m	$2^m \bmod 9$
4	$16 = 9+7$	7
5	$32 = 3 \times 9 + 5$	5
6	$64 = 7 \times 9 + 1$	1

d'où $K(2^6)$ est le corps des racines 63èmes de l'unité et $H(9)$, sous-groupe de $G(63)$, l'ensemble des racines de (x^9+1).

Pour $(x^{11}+1)$, on obtient :

m	2^m	$2^m \bmod 11$
4	$16 = 11+5$	5
5	$32 = 2 \times 11 + 10$	10
6	$64 = 5 \times 11 + 9$	9
7	$128 = 11 \times 11 + 7$	7
8	$256 = 23 \times 11 + 3$	3
9	$512 = 46 \times 11 + 6$	6
10	$1024 = 93 \times 11 + 1$	1

on trouve $K(2^{10})$ et $H(11)$ sous-groupe de $G(1023)$.

Pour $(x^{13}+1)$, on a de même :

m	2^m		$2^m \bmod 13$
4	16	$= 13 + 3$	3
5	32	$= 4 \times 13 + 6$	6
6	64	$= 2 \times 13 + 12$	12
7	128	$= 9 \times 13 + 11$	11
8	256	$= 19 \times 13 + 9$	9
9	512	$= 39 \times 13 + 5$	5
10	1024	$= 78 \times 13 + 10$	10
11	2048	$= 157 \times 13 + 7$	7
12	4096	$= 315 \times 13 + 1$	1

d'où : $\qquad\qquad K(2^{12})$ et $H(13)$ sous-groupe de $G(4096)$.

Le tableau suivant regroupe les différents corps des racines mentionnés ci-dessus et permet de constater l'avantage de choisir n de la forme $(2^m - 1)$, (cas écrits en gras sur le schéma), si l'on ne veut pas avoir un corps de très grand cardinal ; dans ce cas, les racines de (x^n+1) sont tous les éléments de $K(2^m)$ excepté l'élément nul.

$n \rightarrow$ $\quad$ $m \downarrow$	1	3	5	7	9	11	13	15
1	**K(2)**	↓	↓	↓	↓	↓	↓	↓
2	→	**K(2²)**	↓	↓	↓	↓	↓	↓
3	→	→	−↓→	**K(2³)**	↓	↓	↓	↓
4	→	→	$K(2^4)$	→	−↓→	−↓→	−↓→	**K(2⁴)**
5					↓	↓	↓	
6	→	→	→	→	$K(2^6)$	↓	↓	
7						↓	↓	
8						↓	↓	
9						↓	↓	
10	→	→	→	→	→	$K(2^{10})$	↓	
11							↓	
12	→	→	→	→	→	→	$K(2^{12})$	

Exercice 2†

Soit le corps fini $K(2^4)$ représenté par $B[x]/(x^4 + x + 1)$.

1) Montrer que $\alpha = (x + 1)$ est un élément primitif de K.

2) Donner son polynôme minimal $\mu_1(x)$ dans $B[x]$.

3) Quelle est la dimension du code cyclique de longueur 15, de générateur $\mu_1(x)$?

1) Tout élément non nul de K est d'ordre r diviseur de $2^4-1 = 15$, or pour la multiplication modulo $q(x) = (x^4 + x + 1)$ on a :

$$\begin{aligned} x+1 &\neq 1 \\ (x+1)^3 &= x^3 + x^2 + x + 1 \neq 1 \\ (x+1)^5 &= (x+1)^3(x+1)^2 = x^5 + x^4 + x + 1 \\ &= (x^4 + x + 1)(x+1) + x^2 + x \\ \implies (x+1)^5 \bmod q(x) &= x^2 + x \neq 1. \end{aligned}$$

L'ordre de $(x+1)$ est donc 15 et $\alpha = (x+1)$ est un élément primitif de $K(2^4)$.

2) On remarque que $\alpha = (x+1)$ est racine de $q(X) = X^4 + X + 1$. En effet :

$$\begin{aligned} q(\alpha) = q(x+1) &= (x+1)^4 + (x+1) + 1 \\ &= x^4 + x + 1 \\ \implies q(x+1) \bmod q(x) &= 0. \end{aligned}$$

Le polynôme q, irréductible sur B puisque $B[x]/q(x)$ est un corps, et admettant α comme racine est le polynôme minimal de α, d'où :

$$\mu_1(x) = x^4 + x + 1.$$

3) $g(x) = \mu_1(x)$, de degré 4, engendre un code cyclique de longueur 15 et de dimension :

$$r = 15 - 4 = 11.$$

Exercice 3

Soit le corps $K(2^4)$ représenté par $B[x]/(x^4 + x^3 + x^2 + x + 1)$.

1) Montrer que $\alpha = (x^2 + 1)$ est un élément primitif de K.

2) Montrer que $a = x$ est une racine de $q(x) = (x^4 + x^3 + x^2 + x + 1)$ mais n'est pas un élément primitif de K.

3) Exprimer l'élément $a = x$ en fonction de $\alpha = (x^2 + 1)$.

4) Donner le polynôme générateur d'un code cyclique, de plus faible degré, ayant α et α^6 comme racines. En déduire la dimension du code.

---

1) Soit $G(15)$ le groupe multiplicatif de $K(2^4)$. Un élément de K est primitif s'il est générateur de G, c'est-à-dire s'il est d'ordre 15. L'ordre de tout élément non nul de K est un diviseur de 15.

Cherchons l'ordre de $\alpha = (x^2 + 1)$ pour la multiplication modulo $q(x)$ où $q(x)$ est le polynôme $(x^4 + x^3 + x^2 + x + 1)$. On a :

$$\begin{aligned}
x^2 + 1 &\neq 1 \\
(x^2 + 1)^3 &= x^6 + x^4 + x^2 + 1 \\
&= (x^4 + x^3 + x^2 + x + 1)(x^2 + x + 1) + x^3 \\
\implies (x^2 + 1)^3 \bmod q(x) &= x^3 \neq 1 \\
(x^2 + 1)^5 &= (x^2 + 1)^3 (x^2 + 1)^2 \\
\text{or } (x^2 + 1)^2 &= x^4 + 1 \\
\text{d'où } (x^2 + 1)^2 \bmod q(x) &= x^3 + x^2 + x \\
\text{donc } (x^2 + 1)^5 \bmod q(x) &= x^3(x^3 + x^2 + x) \bmod q(x) \\
\text{avec } (x^3)(x^3 + x^2 + x) &= x^6 + x^5 + x^4 \\
&= (x^4 + x^3 + x^2 + x + 1)x^2 + (x^3 + x^2) \\
\implies (x^2 + 1)^5 \bmod q(x) &= x^3 + x^2 \neq 1
\end{aligned}$$

donc $(x^2 + 1)$ est d'ordre 15, il est primitif.

2) Il est évident que $a = x$ est racine de $q(x)$ modulo $q(x)$. Cherchons l'ordre de a :

$$\begin{aligned}
a &= x \neq 1 \\
a^3 &= x^3 \neq 1 \\
x^5 &= (x^4 + x^3 + x^2 + x + 1)(x + 1) + 1 \\
a^5 &= x^5 \bmod q(x) = 1
\end{aligned}$$

a étant d'ordre 5 n'est pas primitif.

3) Toute racine de $(x^{15} + 1)$ s'exprime comme puissance d'une racine primitive. Pour exprimer $a = x$ en fonction de $\alpha = (x^2 + 1)$ cherchons le plus petit entier $k > 0$ tel que :

$$x = (x^2 + 1)^k \bmod q(x)$$

c'est-à-dire tel que :

$$(x^2 + 1)^k = (x^4 + x^3 + x^2 + x + 1) Q(x) + x.$$

Le degré de $(x^2 + 1)^k$ est donc supérieur ou égal à 4, d'où :

$$k \geq 2.$$

D'après la question 1) :

$$\begin{aligned}
(x^2 + 1)^2 \bmod q(x) &= x^3 + x^2 + x \\
(x^2 + 1)^3 \bmod q(x) &= x^3.
\end{aligned}$$

On obtient :

$$\begin{aligned}
(x^3 + x^2 + x)^2 &= x^6 + x^4 + x^2 \\
&= (x^4 + x^3 + x^2 + x + 1)(x^2 + x + 1) + (x^3 + 1) \\
\implies (x^2 + 1)^4 \bmod q(x) &= x^3 + 1 \\
(x^2 + 1)^5 \bmod q(x) &= x^3 + x^2 \\
(x^3 + x^2)(x^2 + 1) &= x^5 + x^4 + x^3 + x^2 \\
&= (x^4 + x^3 + x^2 + x + 1)x + x \\
\implies (x^2 + 1)^6 \bmod q(x) &= x
\end{aligned}$$

donc :

$$a = x = \alpha^6.$$

Générateurs des codes cycliques – Exercices

4) Le polynôme de $B[x]$, de plus faible degré ayant α comme racine, est le polynôme minimal de α : μ_1. De même le polynôme de plus faible degré ayant α^6 comme racine est le polynôme minimal de α^6, notons le μ_6.
Le polynôme $g(x)$ cherché est donc : $(\mu_1 \mu_6)$.

Expression de μ_1

Les racines conjuguées de μ_1 sont :

$$\alpha, \quad \alpha^2, \quad \alpha^4, \quad \alpha^8 \ ;$$

les exposants étant calculés par multiplication par 2 modulo 15.
μ_1 est donc de degré 4 et peut s'écrire dans $B[x]$:

$$\mu_1(x) = x^4 + \lambda_1 x^3 + \lambda_2 x^2 + \lambda_3 x + \lambda_4.$$

Puisqu'il s'annule pour α, on a :

$$\mu_1(\alpha) = \alpha^4 + \lambda_1 \alpha^3 + \lambda_2 \alpha^2 + \lambda_3 \alpha + \lambda_4 \alpha^0 = 0. \qquad (1)$$

Les éléments α^k de $B[x]/(x^4 + x^3 + x^2 + x + 1)$ sont des polynômes de degré ≤ 3. Ils correspondent à des vecteurs binaires de longueur 4, on obtient :

α^k	Expression polynomiale	Expression vectorielle
α^0	1	$(0,0,0,1)$
α	$x^2 + 1$	$(0,1,0,1)$
α^2	$x^3 + x^2 + x$	$(1,1,1,0)$
α^3	x^3	$(1,0,0,0)$
α^4	$x^3 + 1$	$(1,0,0,1)$

L'équation vectorielle (1) s'écrit :

$$\begin{pmatrix}1\\0\\0\\1\end{pmatrix} + \lambda_1 \begin{pmatrix}1\\0\\0\\0\end{pmatrix} + \lambda_2 \begin{pmatrix}1\\1\\1\\0\end{pmatrix} + \lambda_3 \begin{pmatrix}0\\1\\0\\1\end{pmatrix} + \lambda_4 \begin{pmatrix}0\\0\\0\\1\end{pmatrix} = 0$$

d'où :
$$\lambda_1 = 1 \ ; \ \lambda_2 = 0 \ ; \ \lambda_3 = 0 \ ; \ \lambda_4 = 1$$

et :
$$\boxed{\mu_1(x) = x^4 + x^3 + 1.}$$

Expression de μ_6

Le polynôme irréductible $q(x)$, ayant $\alpha^6 = x$ comme racine, est le polynôme minimal de α^6. Remarquons que la classe cyclotomique de α^6 est :

$$\{6, \quad 12, \quad 9, \quad 3\} \qquad (\text{puisque } 3 \times 2 = 6).$$

Elle correspond à l'ensemble des racines conjuguées :
$$\left\{\alpha^6, \quad \alpha^{12}, \quad \alpha^9, \quad \alpha^3\right\}.$$

Le polynôme minimal de α^6 est aussi celui de α^3 d'où :

$$\boxed{\mu_6(x) = \mu_3(x) = x^4 + x^3 + x^2 + x + 1.}$$

En conséquence le polynôme de plus faible degré, générateur d'un code cyclique, ayant α et α^6 comme racines est :

$$g(x) = \mu_1(x)\mu_3(x) = x^8 + x^4 + x^2 + x + 1.$$

La dimension du code est : $r = n - \text{degré}(g) = 15 - 8 = 7$; le polynôme $g(x)$ engendre un code cyclique $\mathcal{C}c_{15,7}$.

Exercice 4

Soit α un élément primitif de $K(2^4)$.

1) En utilisant les résultats des exercices 2 et 3, donner la décomposition de $(x^{15} + 1)$ en produit de facteurs irréductibles sur $B = \{0, 1\}$.

2) Combien y-a-t-il de codes cycliques de longueur 15, de dimension 4 ? Préciser leur polynôme générateur.

Les facteurs irréductibles de $(x^{15}+1)$ sont les polynômes minimaux des racines de $(x^{15}+1)$ dans $K(2^4)$; l'exercice 2 et l'exercice 3 ont mis en évidence les trois polynômes minimaux de degré 4 :
$$(x^4 + x + 1) \;,\; (x^4 + x^3 + 1) \;,\; (x^4 + x^3 + x^2 + x + 1).$$

On connaît le polynôme minimal de degré 1 : $(x+1)$. La décomposition de $(x^{15}+1)$ dans $B[x]$ se présente donc ainsi :

$$(x^{15} + 1) = (x+1)(x^4 + x + 1)(x^4 + x^3 + 1)(x^4 + x^3 + x^2 + x + 1)\,\mu(x)$$

où $\mu(x)$ est un polynôme à déterminer, obligatoirement de degré 2.

On peut développer le deuxième membre, avec $\mu(x)$ de la forme : $x^2 + bx + c$. Par identification avec le premier membre on en déduit $b = 1$ et $c = 1$ d'où :

$$\mu(x) = x^2 + x + 1.$$

Nous savons que ce polynôme est irréductible sur B (il n'est divisible par aucun polynôme autre que 1 et lui-même).

La décomposition de $(x^{15} + 1)$ en facteurs irréductibles sur B est donc :

$$\boxed{(x^{15} + 1) = (x+1)(x^2 + x + 1)(x^4 + x + 1)(x^4 + x^3 + 1)(x^4 + x^3 + x^2 + x + 1).}$$

2) Un code cyclique de longueur 15 est composé de polynômes de degré 14. Le code étant de dimension $r = 4$ son polynôme générateur est un diviseur de $(x^{15} + 1)$, de degré : $15 - 4 = 11$.

En utilisant la décomposition de $(x^{15} + 1)$ en produit de facteurs irréductibles dans $B[x]$ on trouve parmi les diviseurs de $(x^{15}+1)$ les polynômes de degré 11 suivants qui sont donc générateurs de codes cyliques $\mathcal{C}_{15,4}$:

$$\begin{aligned} g_1(x) &= (x+1)\,(x^2+x+1)\,(x^4+x+1)\,(x^4+x^3+1) \\ g_2(x) &= (x+1)\,(x^2+x+1)\,(x^4+x+1)\,(x^4+x^3+x^2+x+1) \\ g_3(x) &= (x+1)\,(x^2+x+1)\,(x^4+x^3+1)\,(x^4+x^3+x^2+x+1). \end{aligned}$$

Il y a donc trois codes cycliques $\mathcal{C}_{15,4}$.

Exercice 5

Soit $G = K(2^6) \setminus \{0\}$.

1) Combien y a-t-il de sous-groupes cycliques de G ?

2) Soit A_r, pour $1 \leq r \leq 63$, le nombre d'éléments d'ordre r. Montrer que A_r est inférieur ou égal à r.

3) Calculer A_r pour $r = 1, 3, 7, 9$ et 21. En déduire le nombre d'éléments primitifs du corps $K(2^6)$.

---

1) Les sous-groupes cycliques de G sont déterminés par les diviseurs de $|G| = 63$, soit :

$$1,\ 3,\ 7,\ 9,\ 21,\ 63.$$

Il existe donc 6 sous-groupes cycliques, y compris G, sous-groupe de lui-même.

2) Soit $1 \leq r \leq 63$,
- s'il n'existe pas d'éléments d'ordre r dans G alors $A_r = 0$ et $A_r < r$,
- s'il existe un élément a d'ordre r, il existe le sous-groupe cyclique

$$H(r) = \left\{1,\ a,\ a^2,\ \ldots,\ a^{r-1}\right\} \quad \text{avec } a^r = 1$$

dont les éléments sont les racines de $(x^r + 1)$. Un polynôme de degré r ne peut avoir plus de r racines dans K, donc il n'y a pas d'élément b tel que $b^r = 1$ et a fortiori pas d'élément d'ordre r autres que ceux qui se trouvent dans $H(r)$, d'où $A_r \leq r$.

3) Calcul de A_r

- $A_1 = 1$ car le seul élément d'ordre 1 est 1.

- Soit $H(3)$ engendré par a d'ordre 3 :

$$H(3) = \left\{1,\ a,\ a^2\right\}.$$

Ses éléments ont pour ordre les diviseurs de $|H| = 3$, soit 1 et 3, or 1 est unique d'ordre 1, a et a^2 sont donc d'ordre 3, d'où :

$$A_3 = 2.$$

- Dans $H(7) = \left\{1, b, b^2, \ldots, b^6\right\}$, puisque 7 est un nombre premier les éléments sont d'ordre 1 ou 7, d'où :
$$A_7 = 6.$$

- $H(9)$ comprend des éléments

$$\begin{aligned}\text{d'ordre 1} &: \text{1 élément,}\\ \text{d'ordre 3} &: \text{2 éléments,}\end{aligned}$$

d'où :
$$A_9 = 9 - (1+2) = 6.$$

- les éléments de $H(21)$ sont

$$\begin{aligned}\text{d'ordre 1} &: \text{1 élément,}\\ \text{d'ordre 3} &: \text{2 éléments,}\\ \text{d'ordre 7} &: \text{6 éléments,}\end{aligned}$$

les autres sont d'ordre 21, d'où :
$$A_{21} = 21 - (1+2+6) = 12.$$

Le nombre d'éléments primitifs de $K(2^6)$, c'est-à-dire d'ordre 63, est alors :
$$A_{63} = 63 - (1+2+6+6+12) = 36.$$

CHAPITRE VII

Codes BCH
Codes de Reed-Solomon

En utilisant l'expression de $g(x)$ en fonction de ses racines on peut déterminer un minorant de la capacité de correction du code. Inversement prendre pour générateur un polynôme ayant comme racines certains éléments bien choisis, permet d'atteindre une étape capitale : la création de codes garantissant une capacité de correction d'erreur préalablement fixée ; ce sont les codes BCH. Les codes de Reed-Solomon réalisent le même objectif mais leur originalité est d'utiliser pour l'écriture des mots, les éléments d'un corps fini de 2^m éléments, $m > 1$, à la place de $B = \{0, 1\}$. Chaque symbole représente une suite de m chiffres binaires et sa correction se traduit par celle de tous les bits erronés qu'il comporte.

1 Codes cycliques de longueur impaire

Les mots d'un code polynomial, peuvent être caractérisés par les racines du générateur du code, comme le montre la proposition suivante.

PROPOSITION 1

> Un polynôme $c(x)$ représente un mot d'un code polynomial si et seulement si, toutes les racines du générateur $g(x)$ du code sont des racines de $c(x)$ avec le même ordre de multiplicité au moins.

C'est immédiat puisque $c(x)$ est défini comme multiple de $g(x)$.

Dans le cas d'un code cyclique de longueur n, nous savons que :
— les racines de $g(x)$ sont des éléments d'un corps $K(2^m)$,
— si de plus n est impair, les racines de $g(x)$ sont simples.

Cette caractérisation se traduit alors, comme nous allons le voir, par la construction d'une matrice de contrôle fournissant, par simple lecture, une évaluation de la capacité de correction du code.

Dans tout ce qui suit n sera un nombre impair.

1.1 Matrice de contrôle fonction des racines de $g(x)$

Soit $\mathscr{C}$ un code cyclique $\mathscr{C}c_{n,r}$ de générateur $g(x)$ et soit $a_1, \ldots, a_s$ les racines de $g(x)$ dans le corps, $K(2^m)$, de décomposition de $(x^n + 1)$. La proposition ci-dessus signifie qu'un polynôme $c(x) = c_1 \, x^{n-1} + \ldots + c_n$ est un polynôme de code, *si et seulement si*, il vérifie les s équations :

$$\begin{cases} c(a_1) &= c_1 a_1^{n-1} + \ldots + c_{n-1} a_1 + c_n = 0 \\ \vdots \\ c(a_s) &= c_1 a_s^{n-1} + \ldots + c_{n-1} a_s + c_n = 0 \end{cases} \quad (1)$$

Posant

$$C_K = \begin{pmatrix} a_1^{n-1} & \ldots & a_1 & 1 \\ \vdots & & \vdots & \\ a_s^{n-1} & \ldots & a_s & 1 \end{pmatrix} \quad (2)$$

on a :
$$c \in \mathscr{C} \iff C_K c = 0$$

où les éléments de la matrice C_K appartiennent au corps K.

Remarquons que K^s, ensemble des s-uples dont les composantes sont des éléments de K, est, comme B^n, un espace vectoriel sur B.

En effet, $\forall u, v \in K^s, \quad \forall \lambda \in B$:

- $u + v \in K^s$, la somme des termes de même rang étant un élément de K,
- $\lambda u \in K$, de manière évidente.

Il est donc possible de construire des applications linéaires de B^n dans K^s.

Soit S une telle application linéaire, de matrice C_K ; le code est le noyau de S (ensemble des éléments d'image nulle), S est donc une fonction syndrome et C_K une matrice de contrôle du code ; nous l'appellerons *matrice de contrôle sur K*.

Exemple 1

Soit le code $\mathscr{C}c_{7,4}$ et $g(x)$ son générateur, de degré $(n - r) = 3$, défini par ses racines $a_1 = \alpha, a_2 = \alpha^2, a_3 = \alpha^4$, avec α racine primitive de $(x^7 + 1)$ dans $K(2^3)$:

$$g(x) = (x + \alpha)(x + \alpha^2)(x + \alpha^4).$$

Le code admet pour matrice de contrôle :

$$(C_K)_{3,7} = \begin{pmatrix} \alpha^6 & \alpha^5 & \alpha^4 & \alpha^3 & \alpha^2 & \alpha & 1 \\ \alpha^{12} & \alpha^{10} & \alpha^8 & \alpha^6 & \alpha^4 & \alpha^2 & 1 \\ \alpha^{24} & \alpha^{20} & \alpha^{16} & \alpha^{12} & \alpha^8 & \alpha^4 & 1 \end{pmatrix}.$$

L'ensemble des racines de $(x^7 + 1)$ est le groupe multiplicatif G de $K(2^3)$, cyclique et de cardinal 7, les exposants des α^k sont donc à calculer modulo 7, soit :

$$\alpha^8 = \alpha \, , \, \alpha^{12} = \alpha^5 \, , \, \alpha^{16} = \alpha^2 \, , \, \alpha^{20} = \alpha^6 \, , \, \alpha^{24} = \alpha^3 \, ;$$

ce qui donne :

$$(C_K)_{3,7} = \begin{pmatrix} \alpha^6 & \alpha^5 & \alpha^4 & \alpha^3 & \alpha^2 & \alpha & 1 \\ \alpha^5 & \alpha^3 & \alpha & \alpha^6 & \alpha^4 & \alpha^2 & 1 \\ \alpha^3 & \alpha^6 & \alpha^2 & \alpha^5 & \alpha & \alpha^4 & 1 \end{pmatrix}.$$

Représentons $K(2^3)$ par $B[x]/(x^3+x+1)$; puisque 7 est premier, les éléments de $K(2^3) \setminus \{0\}$, à l'exception de α^0, sont tous primitifs, choisissons $\alpha = x$.

On vérifie aisément, en calculant $C_K m$, que :

– le message $m = (0,0,0,1,0,1,1)$ est un mot de code, en effet,
en notant C_i la $i^{ème}$ colonne de C_K on obtient :

$$C_K m = C_4 + C_6 + C_7 = \begin{pmatrix} \alpha^3 \\ \alpha^6 \\ \alpha^5 \end{pmatrix} + \begin{pmatrix} \alpha \\ \alpha^2 \\ \alpha^4 \end{pmatrix} + \begin{pmatrix} 1 \\ 1 \\ 1 \end{pmatrix}$$

avec

$$\begin{aligned}
\alpha^3 + \alpha + 1 &= (x^3+x+1) \bmod (x^3+x+1) = 0 \\
\alpha^6 + \alpha^2 + 1 &= (x^3+x+1)^2 \bmod (x^3+x+1) = 0 \\
\alpha^5 + \alpha^4 + 1 &= (x^5+x^4+1) \bmod (x^3+x+1) \\
&= (x^3+x+1)(x^2+x+1) \bmod (x^3+x+1) = 0 \; ;
\end{aligned}$$

– le message $m = (0,0,0,1,1,1,1)$ n'appartient pas au code, en effet,

$$C_K m = C_4 + C_5 + C_6 + C_7 = \begin{pmatrix} \alpha^3 \\ \alpha^6 \\ \alpha^5 \end{pmatrix} + \begin{pmatrix} \alpha^2 \\ \alpha^4 \\ \alpha \end{pmatrix} + \begin{pmatrix} \alpha \\ \alpha^2 \\ \alpha^4 \end{pmatrix} + \begin{pmatrix} 1 \\ 1 \\ 1 \end{pmatrix}$$

avec pour première composante de $C_K m$:

$$\alpha^3 + \alpha^2 + \alpha + 1 = (x^3+x^2+x+1) \bmod (x^3+x+1) = x^2 = \alpha^2$$

indiquant que $C_K m$ n'est pas nul.

1.2 Distance apparente d'un code cyclique

Nous avons vu au chapitre III (Théorème 1) que la distance minimale d'un code est supérieure ou égale à $(w+1)$ si et seulement si le code admet une matrice de contrôle dont toutes les familles de w colonnes sont libres.

Nous allons montrer que pour un code cyclique, de longueur impaire, la matrice de contrôle C_K décrite en (2), permet d'établir une relation entre l'indépendance linéaire des ensembles de w colonnes et les racines du polynôme générateur du code et par conséquent un lien entre :

– les racines de $g(x)$ et
– la distance minimale d du code.

Le théorème suivant exprime une condition suffisante, portant sur les racines de $g(x)$, pour préciser un minorant de d.

THÉORÈME 1

Si le polynôme générateur $g(x)$ d'un code cyclique possède parmi ses racines w puissances successives d'une racine primitive α de (x^n+1),

$$\alpha^{\ell+1}, \alpha^{\ell+2}, \ldots, \alpha^{\ell+w},$$

la distance minimale du code est au moins égale à $(w+1)$.

La valeur $\delta = (w+1)$ est nommée : *distance apparente* du code.
Elle est en effet visible dès que l'on connait les racines du polynôme générateur dans K, celles-ci d'autre part figurant dans l'avant dernière colonne de la matrice C_K.

Les racines de $g(x)$ égales à des puissances successives de α, seront appelées *racines consécutives*.

DÉMONSTRATION

Sans perte de généralité, nous pouvons faire la démonstration pour $n = 2^m - 1$, dans ce cas une racine primitive de $(x^n + 1)$ est un élément primitif de K.
(Si n, impair, n'est pas de la forme $2^m - 1$, nous avons vu au chapitre IV que $(x^n + 1)$ admet une racine primitive dans un sous-groupe H de G.)

Soit donc $(C_K)_{s,n}$ une matrice de contrôle sur K, montrons que, si $g(x)$ a w racines consécutives, toute famille de w colonnes de C_K est linéairement indépendante.

a) Remarquons tout d'abord que :

les racines consécutives de $g(x)$ vérifient w des s équations (1), c'est-à-dire une équation matricielle
$$D\,c = 0$$
où D est une matrice extraite de C_K, ayant seulement w lignes et le même nombre n de colonnes, soit :

$$D = \begin{pmatrix} (\alpha^{\ell+1})^{n-1} & \ldots & \ldots & \alpha^{\ell+1} & 1 \\ (\alpha^{\ell+2})^{n-1} & \ldots & \ldots & \alpha^{\ell+2} & 1 \\ \vdots & & & \vdots & \\ (\alpha^{\ell+w})^{n-1} & \ldots & \ldots & \alpha^{\ell+w} & 1 \end{pmatrix}. \quad (3)$$

Puisque $(\alpha^j)^k = (\alpha^k)^j$, la matrice D peut encore s'écrire :

$$D = \begin{pmatrix} (\alpha^{n-1})^{\ell+1} & \ldots & \ldots & \alpha^{\ell+1} & (\alpha^0)^{\ell+1} \\ (\alpha^{n-1})^{\ell+2} & \ldots & \ldots & \alpha^{\ell+2} & (\alpha^0)^{\ell+2} \\ \vdots & & & \vdots & \vdots \\ (\alpha^{n-1})^{\ell+w} & \ldots & \ldots & \alpha^{\ell+w} & (\alpha^0)^{\ell+w} \end{pmatrix}. \quad (4)$$

On note que :

— chaque colonne D_k a pour éléments des puissances consécutives d'un même terme, posons
$$\tau_1 = \alpha^{n-1}, \ldots, \tau_{n-1} = \alpha, \tau_n = 1.$$

D_k s'écrit :
$$D_k = \begin{pmatrix} \tau_k^{\ell+1} \\ \vdots \\ \tau_k^{\ell+w} \end{pmatrix} ;$$

— tous les α^k, pour $0 \leq k \leq (n-1)$, étant des éléments de $K \setminus \{0\}$, sont distincts, ce qui implique que :

tous les τ_k sont distincts et non nuls.

b) D'autre part il est clair que :

si des colonnes de D sont linéairement indépendantes, il en est de même des colonnes de C_K de mêmes rangs. En effet, si des vecteurs-colonnes de C_K sont liés, les vecteurs-colonnes de D correspondants le sont également, par la même relation de dépendance.

Ainsi il suffit de montrer que tout ensemble de w colonnes de D est un système libre pour qu'il en soit de même dans C_K.

Soient donc w colonnes quelconques de D ; sans restriction de généralité et pour simplifier les notations, numérotons les $D_1, D_2, \ldots, D_w$. Une combinaison linéaire nulle des w colonnes D_k,
$$\lambda_1 D_1 + \cdots + \lambda_w D_w = 0,$$
s'écrit matriciellement :

$$\begin{pmatrix} D_1 & D_2 & \ldots & D_w \end{pmatrix} \begin{pmatrix} \lambda_1 \\ \vdots \\ \lambda_w \end{pmatrix} = \begin{pmatrix} 0 \\ \vdots \\ 0 \end{pmatrix}, \quad \lambda_k \in \{0, 1\}$$

soit :

$$\begin{pmatrix} \tau_1^{\ell+1} & \tau_2^{\ell+1} & \ldots & \tau_w^{\ell+1} \\ \tau_1^{\ell+2} & \tau_2^{\ell+2} & \ldots & \tau_w^{\ell+2} \\ \vdots & \vdots & & \vdots \\ \tau_1^{\ell+w} & \tau_2^{\ell+w} & \ldots & \tau_w^{\ell+w} \end{pmatrix} \begin{pmatrix} \lambda_1 \\ \vdots \\ \lambda_w \end{pmatrix} = \begin{pmatrix} 0 \\ \vdots \\ 0 \end{pmatrix}. \quad (5)$$

Un système ayant une matrice
- de cette forme
- et dont les éléments sont tous distincts et non nuls, (c'est le cas ici, comme nous venons de le voir dans la partie a),

possède comme unique solution la solution nulle.

En effet (5) peut s'écrire :

$$\begin{pmatrix} 1 & 1 & \cdots & 1 \\ \tau_1 & \tau_2 & \cdots & \tau_w \\ \vdots & \vdots & & \vdots \\ \tau_1^{w-1} & \tau_2^{w-1} & \cdots & \tau_w^{w-1} \end{pmatrix} \begin{pmatrix} \tau_1^{\ell+1} \lambda_1 \\ \tau_2^{\ell+1} \lambda_2 \\ \vdots \\ \tau_w^{\ell+1} \lambda_w \end{pmatrix} = \begin{pmatrix} 0 \\ \vdots \\ 0 \end{pmatrix}. \quad (6)$$

La résolution par la méthode de Gauss permet de triangulariser la matrice carrée du système. Par exemple si $w = 3$,

$$\begin{pmatrix} 1 & 1 & 1 \\ \tau_1 & \tau_2 & \tau_3 \\ \tau_1^2 & \tau_2^2 & \tau_3^2 \end{pmatrix} \begin{pmatrix} \tau_1^{\ell+1} \lambda_1 \\ \tau_2^{\ell+1} \lambda_2 \\ \tau_3^{\ell+1} \lambda_3 \end{pmatrix} = \begin{pmatrix} 0 \\ 0 \\ 0 \end{pmatrix}, \quad (7)$$

on obtient :

$$\begin{pmatrix} 1 & 1 & 1 \\ 0 & (\tau_2 - \tau_1) & (\tau_3 - \tau_1) \\ 0 & 0 & (\tau_3 - \tau_1)(\tau_3 - \tau_2) \end{pmatrix} \begin{pmatrix} \tau_1^{\ell+1} \lambda_1 \\ \tau_2^{\ell+1} \lambda_2 \\ \tau_3^{\ell+1} \lambda_3 \end{pmatrix} = \begin{pmatrix} 0 \\ 0 \\ 0 \end{pmatrix}$$

d'où

$$(\tau_3 - \tau_1)(\tau_3 - \tau_2)\tau_3^{\ell+1}\lambda_3 = 0 \implies \tau_3^{\ell+1}\lambda_3 = 0$$
$$(\tau_2 - \tau_1)\tau_2^{\ell+1}\lambda_2 = 0 \implies \tau_2^{\ell+1}\lambda_2 = 0 \Bigg\} \implies \tau_1^{\ell+1}\lambda_1 = 0.$$

et pour le système (6) :

$$\begin{aligned} \tau_1^{\ell+1}\lambda_1 &= 0 \implies \lambda_1 = 0 \\ \tau_2^{\ell+1}\lambda_2 &= 0 \implies \lambda_2 = 0 \\ &\vdots \quad\quad \vdots \quad\quad \vdots \\ \tau_w^{\ell+1}\lambda_w &= 0 \implies \lambda_w = 0 \end{aligned}$$

ainsi :
tout ensemble de w colonnes de D, donc de C_K, est libre.

En conséquence, on peut affirmer que si $g(x)$ possède w racines consécutives, la distance minimale d est telle que :

$$d \geq \delta = w+1.$$

□

1.3 Minoration de la capacité de correction

Faute de pouvoir déterminer précisément la capacité de correction d'un code, lorsqu'on ne connait pas la distance minimale, on peut en avoir une minoration, précisée par le corollaire du théorème précédent.

COROLLAIRE

Si la distance apparente d'un code est δ, sa capacité de correction t est supérieure ou égale à $[\dfrac{\delta-1}{2}]$.

On notera t_{min} cette minoration.

Exemple 2

Reprenons le code $\mathcal{C}c_{7,4}$ de l'exemple 1 avec $g(x) = (x+\alpha)(x+\alpha^2)(x+\alpha^4)$.

Le polynôme $g(x)$ possède comme racines deux puissances successives de α, la distance apparente est donc : $\delta = 3$ d'où :

$$d \geq 3 \quad \text{et} \quad t_{min} = \Big[\dfrac{3-1}{2}\Big] = 1,$$

le code est au moins 1-correcteur.

En considérant $K(2^3)$ représenté par $B[x]/(x^3+x+1)$ avec $\alpha = x$ comme élément primitif, on obtient $g(x) = (x^3+x+1)$, de poids 3 ; la distance minimale est donc 3 et le code est dans ce cas, exactement 1-correcteur.

Remarque

Les liens entre w, d et t ci-dessus décrits, permettent d'envisager la construction de codes de capacité de correction souhaitée, la démarche étant de :
- se donner t,
- en déduire d,
- construire $g(x)$ ayant $w = (d-1)$ racines consécutives, qui engendre le code.

Construire un code de capacité de correction donnée est réalisé, pour $t = 1$, par les codes de Hamming (Chapitre II), définis par une matrice de contrôle particulière.

Nous allons montrer comment mettre en œuvre une généralisation du projet pour des valeurs de t quelconques.

2 Codes BCH

L'objectif est d'obtenir des codes cycliques de capacité de correction minimum donnée. L'élaboration de tels codes est due à trois chercheurs : A. Hocquenghem (1959) d'une part, et indépendamment, R.C. Bose et D.K. Ray-Chaudhuri (1960) d'autre part ; d'où le sigle par lequel sont désignés ces codes.

2.1 Construction et définition

Il est possible de construire un code cyclique de longueur n, de distance apparente δ fixée. Il suffit d'*imposer* au polynôme générateur du code de posséder $w = (\delta - 1)$ racines consécutives dans $K(2^m)$. La capacité t de correction du code est alors telle que :

$$t \geq t_{min} = \left[\frac{\delta - 1}{2}\right] = \left[\frac{w}{2}\right]. \tag{8}$$

Pour cette raison δ, dans cette construction, est appelée *distance assignée*.

Il se peut que la distance minimale d soit supérieure à δ et donc que la capacité de correction soit meilleure que celle que l'on aura souhaitée.

Le polynôme binaire de plus faible degré ayant pour racine un élément de K est le polynôme minimal de cet élément, le générateur du code possède donc non seulement la suite des racines :

$$\alpha^{\ell+1}, \ldots, \alpha^{\ell+w}$$

mais également leurs conjuguées, c'est-à-dire qu'il a comme diviseur le polynôme minimal $\mu_{\ell+j}$ de chaque racine $\alpha^{\ell+j}$ pour $1 \leq j \leq w$. Plusieurs de ces racines peuvent appartenir au même polynôme minimal, l'on choisira évidemment pour $g(x)$ le plus petit commun multiple des $\mu_{\ell+j}(x)$.

Remarque

Il semble plus simple de se fixer δ plutôt que t_{min} car
- la valeur de δ fixe celle de t_{min} ;
- mais pour t_{min} donné il y a deux valeurs de δ possibles, $\delta = 2t+1$ et $\delta = 2t+2$.

Les codes $\mathcal{BCH}$ sont définis par l'algorithme de leur construction.

DÉFINITION

Pour n impair, un code $\mathcal{BCH}$, de longueur n, de distance assignée δ, (donc de capacité minimum de correction t_{min} fixée), est un code cyclique de générateur :

$$g(x) = ppcm\left(\mu_{\ell+1}(x), \ldots, \mu_{\ell+w}(x)\right)$$

où les $\mu_{\ell+j}(x)$ sont les polynômes minimaux de w racines consécutives de $g(x)$:

$$\alpha^{\ell+1}, \ldots, \alpha^{\ell+w} \quad avec \ w = \delta - 1.$$

Nous noterons $\mathcal{BCH}_{n,r,\delta}$ ces codes en remarquant bien que δ est la distance apparente et que la valeur de d peut lui être supérieure.

— Si $n = 2^m - 1$, les codes sont alors dits *primitifs*.

— Il est commode d'autre part, de faire débuter la liste des racines consécutives par une racine primitive, c'est-à-dire de considérer la suite :

- $\alpha, \alpha^2, \ldots \alpha^w$, si $n = 2^m - 1$,
- $\beta, \beta^2, \ldots, \beta^w$, avec β de la forme α^z, si $n \neq 2^m - 1$.

Les codes sont alors appelés $\mathcal{BCH}$ *au sens strict* et nous les étudierons en particulier.

Exemple 3

Supposons que nous voulions construire un code $\mathcal{BCH}$ de longueur 15, qui corrige toutes les erreurs de poids inférieur ou égal à 2. La distance assignée $\delta = 5$ donne :

$$t_{min} = \left[\frac{\delta-1}{2}\right] = 2.$$

Le nombre de racines consécutives imposées à $g(x)$ est alors $w = \delta - 1 = 4$; si α est un élément primitif de $K(2^4)$ on peut choisir :

$$\alpha, \alpha^2, \alpha^3, \alpha^4$$

pour obtenir un code au sens strict, de générateur :

$$g = \text{ppcm}\left(\mu_\alpha, \mu_{\alpha^2}, \mu_{\alpha^3}, \mu_{\alpha^4}\right).$$

Soit les classes cyclotomiques modulo 15 et les polynômes minimaux μ_k correspondant aux racines choisies :

$$\begin{array}{l} \text{classe } 1 : \{1, \ 2, \ 4, \ 8\} \implies \mu_1(x), \text{ de degré } 4 \\ \text{classe } 3 : \{3, \ 6, \ 12, \ 9\} \implies \mu_3(x), \text{ de degré } 4 \end{array} \quad (9)$$

on note que $\alpha, \alpha^2, \alpha^4$ sont racines du même polynôme minimal, $\mu_1(x)$, donc :

$$g(x) = \mu_1(x)\,\mu_3(x), \quad \text{de degré 8}.$$

En choisissant une représentation du corps des racines 15èmes de l'unité, sous la forme $B[x]/q(x)$ et dans ce corps un élément primitif α, on obtient l'expression de $g(x)$ sur B, générateur d'un code $\mathcal{BCH}_{15,7,2}$.

2.2 Choix de la distance assignée

Bornes de δ

Les valeurs $\delta = 1$ et $\delta = 2$ impliquent $t \geq 0$ et ne donnent pas d'indication intéressante, δ est donc choisi tel que :

$$3 \leq \delta \leq n$$

ce qui impose

$$t \leq \lceil \frac{n-1}{2} \rceil$$

c'est-à-dire, comme nous l'avons déjà remarqué au chapitre II, qu'un code ne corrige pas plus de la moitié des symboles des mots.

Distance assignée et rendement du code

Le choix de δ dépend également de la qualité de rendement souhaitée, en effet, plus δ est grand, plus la capacité de correction est élevée, on devrait donc choisir d'emblée une valeur de δ donnant la plus grande capacité possible.

Mais si δ est grand, le nombre de racines consécutives de $g(x)$ est important. En conséquence le degré de $g(x)$ est élevé et la dimension du code, $r = n - \deg(g)$, est petite d'où un rendement, $\rho = \dfrac{r}{n}$, faible.

Comme la probabilité d'erreur d'un message décroît avec le poids du vecteur d'erreur, les codes corrigeant une ou deux erreurs sont généralement suffisamment efficaces et proposent, de plus, les meilleurs rendements.

Si deux codes sont de même longueur et de capacité minimum de correction égales, celui dont le polynôme générateur est de plus faible degré a le meilleur rendement, en effet,

$$\begin{aligned} \deg(g_1) < \deg(g_2) &\implies r_1 > r_2 \\ &\implies \rho_1 > \rho_2. \end{aligned}$$

2.3 Codes $\mathcal{BCH}$ au sens strict

Pour ces codes, comme nous allons le voir, le choix de δ et l'expression de $g(x)$ sont simplifiés ; on peut d'autre part connaître un majorant de la dimension du code.

Distance assignée impaire

Dans l'exemple 3, le même résultat aurait été obtenu avec $\delta = 4$. En effet les trois racines alors imposées :

$$\alpha, \alpha^2, \alpha^3$$

fournissent le même polynôme générateur : $g(x) = \mu_1(x)\, \mu_3(x)$ qui possède, de fait, les quatre racines consécutives : $\alpha, \alpha^2, \alpha^3, \alpha^4$.

De manière générale, pour un code $\mathcal{BCH}$ strict, le nombre de racines consécutives de $g(x)$ est pair. En effet, soit un nombre impair, $w = (2k-1)$, de racines consécutives :

$$\alpha, \alpha^2, \ldots \alpha^{2k-1}.$$

Puisque $1 \leq k \leq 2^{k-1}$, la racine α^k apparait dans la suite. Les classes cyclotomiques étant stables par multiplication par 2, α^{2k} est une racine conjuguée de α^k, et figure donc parmi les racines de $g(x)$. La suite des racines consécutives de $g(x)$ comprend donc :

$$\alpha, \alpha^2, \ldots \alpha^{2k-1}, \text{ et } \alpha^{2k}.$$

Ainsi pour construire un code $\mathcal{BCH}$ strict, il suffit de fixer une *valeur impaire* à la distance assignée, ce qui donne d'après (8) :

$$t_{min} = \frac{w}{2} \quad \text{avec } w \text{ pair.}$$

Polynôme générateur

Puisque α^{2k} et α^k sont conjuguées, il suffit de considérer les polynômes minimaux pour k impair tel que $1 \leq k \leq w-1$. Pour les codes au sens strict on obtient alors, avec $w - 1 = 2t - 1$:

$$g(x) = \text{ppcm}\left(\mu_1(x), \mu_3(x), \ldots, \mu_{2t-1}(x)\right). \tag{10}$$

Dimension du code

Soit $n = 2^m - 1$, et $K(2^m)$ le corps des racines de $(x^n + 1)$. La dimension du code est déterminée dès que le degré de $g(x)$ est connu, mais on peut en donner une minoration générale.

Remarquons que chaque polynôme minimal μ des racines est tel que

$$\deg(\mu) \leq m.$$

En effet, le corps $K(2^m)$, composé des éléments de P_{m-1} est également, comme nous l'avons vu au chapitre IV, un espace vectoriel sur B de dimension m. Un ensemble de $(m+1)$ éléments ne peut donc pas être libre.

Soit a un élément de K et $\mu(x)$ son polynôme minimal ; dans la combinaison linéaire nulle de $(m+1)$ éléments :

$$\lambda_1 a^m + \lambda_2 a^{m-1} + \cdots + \lambda_m a + \lambda_{m+1} = 0$$

tous les λ_i ne sont donc pas nuls, ce qui signifie qu'il existe un polynôme :

$$h(x) = \lambda_1 x^m + \cdots + \lambda_{m+1}$$

– de degré inférieur ou égal à m,
– qui s'annule pour $x = a$.

Il est donc multiple de $\mu(x)$, (VI, Proposition 2) et $\deg(\mu) \leq m$.

Le générateur du code est le produit d'au plus t polynômes minimaux, donc

$$\begin{aligned} \deg(g) &\leq mt \\ r &= n - \deg(g) \\ &\geq (n - mt). \end{aligned}$$

Exemple 4

Un code $\mathcal{BCH}_{15}$ corrigeant trois erreurs, se construit avec $w = 6$ racines consécutives de $g(x)$ d'où $\delta = 7$ et comme $2t - 1 = 5$ le générateur d'un code strict sera :

$$\begin{aligned} g(x) &= \text{ppcm}\left(\mu_1(x), \ldots, \mu_{2t-1}(x)\right) \\ &= \mu_1(x)\mu_3(x)\mu_5(x). \end{aligned}$$

Dans le tableau (9) des classes cyclotomiques modulo 15, précisons la classe 5 et le polynôme minimal correspondant :

$$\begin{aligned} \text{classe 1} &: \{1,\ 2,\ 4,\ 8\} \Longrightarrow \mu_1(x),\ \text{de degré 4} \\ \text{classe 3} &: \{3,\ 6,\ 12,\ 9\} \Longrightarrow \mu_3(x),\ \text{de degré 4} \\ \text{classe 5} &: \{5,\ 10\} \Longrightarrow \mu_5(x),\ \text{de degré 2} \\ \text{etc.} \end{aligned}$$

Le polynôme générateur possède les six racines consécutives : $\alpha, \alpha^2, \alpha^3, \alpha^4, \alpha^5, \alpha^6$; il est de degré 10, il engendre un code de dimension 5 c'est-à-dire un code $\mathcal{BCH}_{15,5,7}$.

2.4 Contrôle

La matrice de contrôle C_K, décrite en (2), est aisément exploitable :

— soit en calculant des sommes d'éléments α^k de K, comme nous l'avons fait dans l'exemple 1,
— soit en utilisant la table d'addition de K, une fois établie.

Mais on peut également

— d'une part, simplifier la matrice,
— d'autre part, en déduire une matrice de contrôle binaire.

Simplification de C_K

Lorsque $g(x)$ a pour racine α^k, il possède également toutes ses racines conjuguées. Le système d'équations (1) de matrice C_K est donc redondant ; il suffit de ne considérer, qu'une seule racine de $g(x)$ par polynôme minimal, on obtient un système d'équations de contrôle, de matrice simplifiée (SC).

Exemple 5

Soit $\mathcal{C}$ le code $\mathcal{C}_{7,4}$ de l'exemple 1, son générateur $g(x) = (x+\alpha)(x+\alpha^2)(x+\alpha^4)$ est le polynôme $\mu_1(x)$, sa matrice de contrôle, C_K, se réduit à une seule ligne, par exemple la première, d'où :

$$c \in \mathcal{C} \iff (SC)c = \begin{pmatrix} \alpha^6 & \alpha^5 & \alpha^4 & \alpha^3 & \alpha^2 & \alpha & 1 \end{pmatrix} \begin{pmatrix} c_1 \\ \vdots \\ c_7 \end{pmatrix} = 0. \qquad (11)$$

Matrice de contrôle binaire

Si dans la matrice (SC), on exprime chaque α^k sous forme vectorielle, on forme un système d'équations *binaires*. Tout système indépendant extrait est associé à une matrice de contrôle binaire du code.

Exemple 6

Soit $K(2^3)$ sous la forme $K[x]/q(x)$; on a :

$$\alpha^k = x^k \bmod q(x).$$

Pour $q(x) = (x^3 + x + 1)$ et $\alpha = x$ on obtient les trois repésentations des éléments de $K(2^3)$:

α^k	polynome	vecteur
0	0	$(0,0,0)$
α^0	1	$(0,0,1)$
α	x	$(0,1,0)$
α^2	x^2	$(1,0,0)$
α^3	$x + 1$	$(0,1,1)$
α^4	$x^2 + x$	$(1,1,0)$
α^5	$x^2 + x + 1$	$(1,1,1)$
α^6	$x^2 + 1$	$(1,0,1)$

l'équation (11) s'écrit :

$$Cc = \begin{pmatrix} 1 & 1 & 1 & 0 & 1 & 0 & 0 \\ 0 & 1 & 1 & 1 & 0 & 1 & 0 \\ 1 & 1 & 0 & 1 & 0 & 0 & 1 \end{pmatrix} c = 0.$$

On peut vérifier les résultats de l'exemple 1, c'est-à-dire que $(0,0,0,1,0,1,0)$ est un mot de code et que $(0,0,0,1,1,1,0)$ n'en n'est pas un.

2.5 Cas particulier : code de Hamming

Montrons que si $n = 2^m - 1$, un code $\mathcal{BCH}_n$ dont le générateur est un polynôme primitif est un code de Hamming.

Rappelons qu'un polynôme primitif est un polynôme minimal qui possède comme racine un élément primitif de K.

a) Le degré d'un polynôme primitif est égal à m.
En effet, soit α un élément primitif de $K(2^m)$ et sa classe cyclotomique :

$$\left\{1, 2, 2^2, 2^3, \ldots, 2^{\nu-1}\right\}$$

où ν est le plus petit entier positif tel que

$$(2^\nu) \bmod n = 1.$$

Le polynôme minimal μ_α est donc de degré ν.

Or α est d'ordre $n = 2^m - 1$, donc
m est le plus petit entier positif tel que : $\quad \alpha^{(2^m-1)} = 1$
$$\text{ou} : \quad \alpha^{2^m} = \alpha$$
c'est-à-dire tel que : $\quad (2^m) \bmod n = 1$

d'où
$$\nu = m.$$

b) Le polynôme générateur g est donc de degré $s = m$, ses racines s'écrivent :

$$\alpha, \alpha^2, \alpha^{2^2}, \ldots, \alpha^{2^{m-1}}.$$

Le système de contrôle se compose d'une équation :

$$(SC)\, c = \begin{pmatrix} \alpha^{n-1} & \ldots & \alpha & 1 \end{pmatrix} \begin{pmatrix} c_1 \\ \vdots \\ c_n \end{pmatrix} = 0.$$

Les n éléments α^k apparaissant dans la matrice (SC) sont tous distincts et différents de 0 ; puisque $n = 2^m - 1$, ils ont pour représentation vectorielle tous les vecteurs non nuls de B^m.

Or $s = \deg(g) = m$, donc la matrice de contrôle binaire C déduite de (SC) a pour colonnes tous les vecteurs de $B^s \setminus \{0\}$, c'est la matrice caractéristique d'un code de Hamming (Chapitre III) :

$$\mathcal{H}_{2^m-1,\ 2^m-1-m,\ 3}.$$

On sait qu'il est exactement 1-correcteur et parfait.

Exemple 7

Soit α un élément primitif de $K(2^4)$ et soit l'ensemble des classes cyclotomiques modulo 15 et des polynômes minimaux des racines :

$$\begin{array}{llll}
\text{classe } 1 & : \{1, & 2, \quad 4, \quad 8\} & \Longrightarrow \mu_1(x), \text{ de degré } 4 \\
\text{classe } 3 & : \{3, & 6, \quad 12, \quad 9\} & \Longrightarrow \mu_3(x), \text{ de degré } 4 \\
\text{classe } 5 & : \{5, & 10\} & \Longrightarrow \mu_5(x), \text{ de degré } 2 \\
\text{classe } 7 & : \{7, & 14, \quad 13, \quad 11\} & \Longrightarrow \mu_7(x), \text{ de degré } 4 \\
\text{classe } 0 & : \{0\} & & \Longrightarrow \mu_0(x), \text{ de degré } 1.
\end{array}$$

Parmi les polynômes minimaux de degré 4 :
- $\mu_1(x)$ est primitif car il possède la racine α ;
- $\mu_3(x)$ a pour racines des éléments d'ordre 5, en effet $(\alpha^3)^5 = 1$ et $(\alpha^3)^3 \neq 1$, toutes les racines d'un polynôme minimal étant de même ordre, $\mu_3(x)$ n'est donc pas primitif ;
- $\mu_7(x)$ est primitif puisque α^7 est d'ordre 15 $\left((\alpha^7)^3 = \alpha^6 \text{ et } (\alpha^7)^5 = \alpha^5\right)$.

Il y a donc deux codes de Hamming $\mathcal{H}_{15,11}$ cycliques, l'un engendré par μ_1, l'autre par μ_7. Ils sont isomorphes, c'est-à-dire qu'ils ont mêmes valeurs de n, r et d, donc mêmes capacités de détection et de correction.

Dans l'élaboration des codes cycliques, la recherche des diviseurs de $(x^n + 1)$
- passe par sa décomposition sur un corps d'extension K,
- et nécessite le calcul des polynômes minimaux.

La méthode est allégée si les mots, au lieu d'être des suites uniquement de chiffres binaires, sont composés d'éléments du corps K, les codes ainsi construits présentent, comme nous allons le voir, d'importants avantages.

3 Codes de Reed-Solomon

Considérons le corps $K = K(2^3)$ et un vecteur a de K^7, par exemple :

$$a = (1,\ \alpha,\ \alpha^3,\ 0,\ \alpha^2,\ \alpha,\ 1).$$

Chacune de ses composantes s'écrit sous forme d'un vecteur de B^3 et d'après le tableau de l'exemple précédent a représente le mot binaire :

$$b = (0,0,1,\ 0,1,0,\ 0,1,1,\ 0,0,0,\ 1,0,0,\ 0,1,0,\ 0,0,1).$$

Ainsi a est un compactage de b.

En exploitant cette transformation, deux chercheurs, I.S. Reed et G. Solomon, élaborent en 1960 des codes auxquels on a donné leurs noms ; les mots d'information et les mots message ont pour symboles des éléments d'un corps $K(2^m)$, pour $m > 1$, ils sont identifiés à des *vecteurs sur K*. Les codes de Reed-Solomon sont de type $\mathcal{BCH}$, d'où leur définition :

DÉFINITION

Un code de Reed-Solomon est un code $\mathcal{BCH}$ de longueur $n = 2^m - 1$, dont les symboles des mots sont des éléments du corps $K(2^m)$.

Nous les noterons $\mathcal{RS}_{n,r,d}$, et nous dirons qu'il s'agit de *codes sur K*.

K^r et K^n sont, de manière évidente, des *espaces vectoriels sur K* en effet, pour K^n par exemple, il existe :

- une addition, définie en 1.1 ;
- une multiplication par des scalaires :
$$\forall \lambda \in K,\quad \forall u \in K^s,\quad \lambda u = (\lambda u_1, \ldots, \lambda u_n) \in K^s,$$
puisque les λu_j sont des éléments de K.

Un code sur K est donc construit par une fonction de codage f (linéaire et injective)

$$K^r \xrightarrow{f} K^n.$$

et on appellera *matrice génératrice sur K* une matrice G_K associée.

Remarquons d'autre part que si C_K est une matrice de contrôle d'un *code sur K*, il existe un mot de code a de poids w si et seulement si w colonnes non nulles de C_K sont liées par une relation telle que :

$$\lambda_{i_1} C_{i_1} + \ldots + \lambda_{i_w} C_{i_w} = 0$$

où les $\lambda_{i_1}, \ldots, \lambda_{i_w}$ sont des éléments non nuls de K.

Le théorème 1 du chapitre III se transpose donc du cas binaire au cas de codes sur K ; le théorème 1 du chapitre courant s'applique alors et il est possible de construire des codes $\mathcal{BCH}$ sur K.

3.1 Caractéristiques et construction d'un code $\mathcal{RS}$

Soit la décomposition de $(x^n + 1)$ dans K :

$$(x^n + 1) = (x+1)(x+\alpha)(x+\alpha^2)\ldots(x+\alpha^{n-1}).$$

Si le générateur doit avoir w racines consécutives, il suffit de prendre un polynôme qui ne possède que ces racines-là, donc de degré w, tel que :

$$g(x) = (x+\alpha^{\ell+1})(x+\alpha^{\ell+2}) + \cdots + (x+\alpha^{\ell+w}).$$

On a les relations :
$$\begin{aligned} s = \deg(g) &= w \\ \delta &= w+1 = s+1 \\ d &\geq s+1. \end{aligned}$$

D'autre part, d'après la borne de Singleton : $d \leq n - r + 1 = s + 1$, d'où :

$$d = n - r + 1 = w + 1.$$

La distance minimale est donc *égale* à la distance apparente et elle atteint la valeur maximale qu'elle peut avoir dans un code linéaire pour n et r fixés. On dit qu'il s'agit d'un code *MSD*, initiales de l'expression anglaise *maximum separable distance*, qui peut se traduire par : *de plus grande distance minimale*.

En conséquence $s = (n-r)$ est minimum, il s'agit donc d'un code de plus faible redondance pour une valeur de t fixée.

Un polynôme générateur de degré $w = 2t$, engendre un code *exactement* t-correcteur, de dimension $r = n - 2t$, c'est-à-dire de type :

$$\mathcal{RS}_{2^m-1;\ 2^m-1-2t;\ 2t+1}.$$

Exemple 8

Construisons un code $\mathcal{RS}$ de longueur 3, de capacité de correction 1.

Puisque $n = 2^2 - 1$, $m = 2$ et le corps K correspondant est $K(2^2)$, d'où :
- le générateur $g(x)$ du code doit diviser $(x^3 + 1)$, (le code est cyclique),
- le nombre de racines (consécutives) de $g(x)$ dans le corps $K(2^2)$ est $w = 2$, d'où $\deg(g) = s = 2$,
- la distance minimale $d = w + 1 = 3$,

on obtient un code $\mathcal{RS}_{3,1,3}$.

Soit $K(2^2)$ représenté par $B[x]/(x^2+x+1)$, avec $\alpha = x$ comme racine primitive et soit les éléments de $K(2^2)$ sous les trois expressions habituelles :

$$
\begin{array}{c|c|c}
\alpha^k & \text{polynôme} & \text{vecteur} \\
\hline
0 & 0 & (0,0) \\
\alpha^0 & 1 & (0,1) \\
\alpha & x & (1,0) \\
\alpha^2 & x+1 & (1,1)
\end{array}
\tag{12}
$$

Dans la décomposition de (x^3+1) sur $K(2^2)$ qui s'écrit :

$$(x^3+1) = (x+1)(x+\alpha)(x+\alpha^2)$$

on peut choisir pour générateur le polynôme de degré 2 :

$$g(x) = (x+1)(x+\alpha) = x^2 + (1+\alpha)x + \alpha = x^2 + \alpha^2 x + \alpha.$$

Construction du code

Les mots d'information étant de longueur 1, sont les quatre vecteurs :

$$0\ ;\quad 1\ ;\quad \alpha\ ;\quad \alpha^2.$$

Etant polynomial le code admet comme matrice génératrice :

$$G_K = \begin{pmatrix} g \end{pmatrix} = \begin{pmatrix} 1 \\ \alpha^2 \\ \alpha \end{pmatrix}.$$

Les vecteurs α et α^2 sont codés par $G_K\,\alpha$ et $G_K\,\alpha^2$, ce qui donne :

$$\begin{pmatrix} 1 \\ \alpha^2 \\ \alpha \end{pmatrix} \quad (\alpha) \quad (\alpha^2)$$

$$= \begin{pmatrix} \alpha \\ \alpha^3 \\ \alpha^2 \end{pmatrix} \begin{pmatrix} \alpha^2 \\ \alpha \\ 1 \end{pmatrix}$$

d'où, puisque $\alpha^3 = (\alpha^2+\alpha+1)\alpha + \alpha^2 + \alpha = 1$, le codage complet :

$$
\begin{array}{rcl}
0 & \longrightarrow & (0,\ 0,\ 0\ ) \\
1 & \longrightarrow & (1,\ \alpha^2,\ \alpha\ ) \\
\alpha & \longrightarrow & (\alpha,\ 1,\ \alpha^2) \\
\alpha^2 & \longrightarrow & (\alpha^2,\ \alpha,\ 1\ ).
\end{array}
\tag{13}
$$

3.2 Contrôle des messages

Comme pour tout code cyclique le système de contrôle, $C_K\,c = 0$ exprime que les s racines de $g(x)$ annulent les mots de code. Pour les codes $\mathcal{RS}$ une fonction de contrôle est une fonction linéaire de K^n dans K^s, espaces vectoriels sur K, dont le noyau est le code.

Exemple 9

Pour le code précédent, les mots sont de longueur 3, c'est-à-dire de forme polynomiale :
$$m(x) = m_1 x^2 + m_2 x + m_3, \quad m_i \in K(2^2).$$

Le générateur ayant pour racines 1 et α, $c(x)$ appartient au code si et seulement si $c(1) = 0$ et $c(\alpha) = 0$, c'est-à-dire :

$$\begin{cases} c_1 + c_2 + c_3 = 0 \\ c_1 \alpha^2 + c_2 \alpha + c_3 = 0 \end{cases} \quad \text{d'où} \quad C_K = \begin{pmatrix} 1 & 1 & 1 \\ \alpha^2 & \alpha & 1 \end{pmatrix}.$$

— Vérifions par exemple que $c = (1, \alpha^2, \alpha)$ est un mot de code, on a :

$$\begin{pmatrix} 1 & 1 & 1 \\ \alpha^2 & \alpha & 1 \end{pmatrix} \begin{pmatrix} 1 \\ \alpha^2 \\ \alpha \end{pmatrix} = \begin{pmatrix} 1 + \alpha^2 + \alpha \\ \alpha^2 + \alpha^3 + \alpha \end{pmatrix}.$$

Or $\alpha^3 = x^3 \mod (x^2 + x + 1) = 1$, et d'après le tableau (11) :

$$\begin{aligned} 1 + \alpha^2 + \alpha &= 1 + (x+1) + x = 0 \\ \alpha^2 + \alpha^3 + \alpha &= (x+1) + 1 + x = 0 \end{aligned}$$

d'où

$$C_K \begin{pmatrix} 1 \\ \alpha^2 \\ \alpha \end{pmatrix} = \begin{pmatrix} 0 \\ 0 \end{pmatrix}.$$

— Pour le message $m = (\alpha^2, \alpha^2, \alpha)$, on obtient :

$$\begin{pmatrix} 1 & 1 & 1 \\ \alpha^2 & \alpha & 1 \end{pmatrix} \begin{pmatrix} \alpha^2 \\ \alpha^2 \\ \alpha \end{pmatrix} = \begin{pmatrix} \alpha^2 + \alpha^2 + \alpha \\ \alpha^4 + \alpha^3 + \alpha \end{pmatrix}.$$

Or $\alpha^4 = \alpha(\alpha^3) = \alpha$, donc :

$$\alpha^4 + \alpha^3 + \alpha = \alpha + 1 + \alpha = 1.$$

d'où

$$C_K \begin{pmatrix} \alpha^2 \\ \alpha^2 \\ \alpha \end{pmatrix} = \begin{pmatrix} \alpha \\ 1 \end{pmatrix} ;$$

le message $(\alpha^2, \alpha^2, \alpha)$ n'appartient pas au code.

3.3 Correction des messages binaires

En décompactant les mots d'un code $\mathcal{RS}$ sur $K(2^m)$, de longueur n, de dimension r, on obtient un code binaire, de longueur $m \times n$ et de dimension mr.

L'intérêt fondamental des codes $\mathcal{RS}$ est dans leur capacité à corriger simultanément plusieurs bits erronés en corrigeant un symbole d'un message sur K.

Ainsi un code $\mathcal{RS}$ t-correcteur corrige tous les bits erronés situés dans au plus t symboles du message sur K correspondant.

On peut dire que le code corrige des *paquets de bits erronés*, mais on emploie le plus souvent l'expression *paquets d'erreurs*.

En particulier, une erreur affectant l bits *consécutifs*, que nous appellerons *erreur de longueur l*, est corrigée si elle s'étend sur au plus t symboles α^k successifs du message sur K.

Exemple 10

En se reportant au tableau (12) on peut écrire le codage binaire associé au code $\mathcal{RS}_{3,1,3}$ exprimé en (13), on obtient un code $\mathcal{C}_{6,2}$:

$$
\begin{array}{rcl}
(0,0) & \longrightarrow & (0,0 \ \ 0,0 \ \ 0,0) \\
(0,1) & \longrightarrow & (0,1 \ \ 1,1 \ \ 1,0) \\
(1,0) & \longrightarrow & (1,0 \ \ 0,1 \ \ 1,1) \\
(1,1) & \longrightarrow & (1,1 \ \ 1,0 \ \ 0,1).
\end{array}
\tag{14}
$$

Le code $\mathcal{RS}_{3,1,3}$, 1-correcteur, corrige les erreurs de poids 1 dans un message sur K, donc, dans le message binaire correspondant :

– une erreur de poids 1 est corrigée, la composante erronée appartenant à un symbole du code $\mathcal{RS}$;

– une erreur de longueur 2 sur les positions (1 et 2) ou (3 et 4) ou (5 et 6) est corrigée puisqu'elle affecte un seul symbole du code $\mathcal{RS}$.

On remarque que le code $\mathcal{C}_{6,2}$ décrit en (14) n'est pas cyclique, mais il est linéaire, une matrice génératrice a pour colonnes les mots qui codent la base canonique d'information : $\{(1,0), (0,1)\}$, soit :

$$
G_{6,2} = \begin{pmatrix} 1 & 0 \\ 0 & 1 \\ 0 & 1 \\ 1 & 1 \\ 1 & 1 \\ 1 & 0 \end{pmatrix}.
$$

Les expressions (14) montrent que la distance minimale du code binaire étant 4, sa capacité de correction est 1. La correction des erreurs de poids 1 est donc assurée ; mais de plus, le code étant l'expression binaire d'un code $\mathcal{RS}$, la correction d'un certain nombre d'erreurs de longueur 2, donc de poids 2, l'est également.

Conclusion

Codes $\mathcal{BCH}$

Ils généralisent les codes de Hamming et sont construits pour assurer une capacité de correction fixée.

Caractéristiques

Tous ces codes sont des codes cycliques de longueur impaire.

- Le polynôme générateur $g(x)$ possède s racines *simples* $a_1, \ldots, a_s$ dans le corps $K(2^m)$ des racines $n^{èmes}$ de l'unité, celles-ci s'expriment donc sous la forme α^k, où α est un élément primitif de K.
- La capacité de correction t du code est liée au nombre w de racines *consécutives* de $g(x)$ par la relation $t \geq \left[\dfrac{w}{2}\right]$.

La construction du code consiste à déterminer $g(x)$, de plus faible degré possible, ayant un nombre w de racines consécutives, correspondant à t souhaité.

On distingue :

- les codes primitifs, où $n = 2^m - 1$,
- les codes $\mathcal{BCH}$ au sens strict, dont la suite des racines consécutives est :

$$\alpha, \alpha^2, \ldots, \alpha^w.$$

Générateur

Si $g(x)$ possède une racine a, il possède également toutes ses conjuguées, g est donc multiple de leur polynôme minimal. Certaines des racines consécutives pouvant avoir le même polynôme minimal, le générateur du code est :

$$g = \mathrm{ppcm}\left(\mu_{\alpha}, \mu_{\alpha^2}, \ldots, \mu_{\alpha^w}\right).$$

On peut construire des codes $\mathcal{BCH}$ de longueur n (impaire) corrigeant toutes les erreurs de poids inférieur ou égal à t donné, à condition de *rester dans les limites des possibilités de correction des codes*, c'est-à-dire pour t tel que :

$$1 \leq t \leq \left[\dfrac{n-1}{2}\right].$$

Codes de Reed-Solomon (ou $\mathcal{RS}$)

Ce sont des codes $\mathcal{BCH}$ primitifs dont les symboles sont des éléments du corps $K(2^m)$. Les seules racines du polynôme générateur sont ses w racines consécutives dans K :

$$g(x) = (x + \alpha^{\ell+1}) \ldots (x + \alpha^{\ell+w}).$$

Caractéristiques du code

$$n = 2^m - 1 \quad ; \quad r = 2^m - 1 - 2t \quad ; \quad d = n - r + 1 = 2t + 1.$$

Un code $\mathcal{RS}_{n,r}$ est

- de plus grande distance minimale possible (intéressant pour la capacité de correction du code),
- de redondance minimum (intéressant pour le rendement).

Les codes $\mathcal{RS}$ sont bien adaptés à la correction des paquets de bits erronés.

Exercices

Exercice 1

1) Construire le générateur $g(x)$ d'un code $\mathcal{BCH}$, de longueur 31, qui corrige toutes les erreurs de poids inférieur ou égal à 2 en utilisant la représentation de $K(2^5)$ par $B[x]/(x^5+x^3+1)$.

2) Quelle est la dimension du code?

---

1) Soit K le corps $K(2^5)$, le groupe multiplicatif $G = K \setminus \{0\}$ de K est cyclique ; son cardinal, 31, étant un nombre premier, les éléments de G sont d'ordre 1 ou 31. Le seul élément d'ordre 1 est 1, tous les autres sont donc primitifs ; $K(2^5) = B[x]/(x^5+x^3+1)$ étant composé des polynômes de P_4, on peut choisir comme élément primitif :

$$\alpha = x.$$

On obtiendra $t_{min} = 2$ pour un polynôme générateur possédant $w = 2t = 4$ racines consécutives dans K, la distance assignée est alors $\delta = 5$. On peut choisir $g(x)$ tel que :

$$g(x) = \mu_1(x)\,\mu_3(x)$$

avec

$$\begin{array}{ll} \mu_1(x) & \text{de racines :} \quad \alpha, \quad \alpha^2, \quad \alpha^4, \ldots \\ \mu_3(x) & \text{de racines :} \quad \alpha^3, \ \ldots \end{array}$$

pour obtenir la suite de racines consécutives :

$$\alpha,\ \alpha^2,\ \alpha^3,\ \alpha^4$$

et construire un code $\mathcal{BCH}$ au sens strict.

Expression de $\mu_1(x)$

Soit $q(x) = x^5 + x^3 + 1$, on sait que
- $q(x)$ est irréductible sur B puisque $K = B[x]/(x^5+x^3+1)$ est un corps,
- $\alpha = x$ est racine de $q(x)$ car $q(x) \bmod q(x) = 0$.

Il s'agit donc du polynôme minimal de α, soit :

$$\mu_1(x) = x^5 + x^3 + 1\,.$$

Expression de $\mu_3(x)$

La classe cyclotomique modulo 31 de α^3 est :

$$\text{classe 3} \ : \ \{3, 6, 12, 24, 17\} \quad \text{car} \ \ 17 \times 2 \bmod 31 = 3$$

d'où les racines du polynôme minimal $\mu_3(x)$ correspondant :

$$\alpha^3,\ \alpha^6,\ \alpha^{12},\ \alpha^{17},\ \alpha^{24}.$$

$\mu_3(x)$, polynôme de degré 5, s'annule notamment pour α^3 :
$$(\alpha^3)^5 + A_2(\alpha^3)^4 + A_3(\alpha^3)^3 + A_4(\alpha^3)^2 + A_5(\alpha^3) + A_6(\alpha^3)^0 = 0. \qquad (A)$$

Tous les α^k, étant des éléments de $B[x]/(x^5+x^3+1)$, sont des polynômes de degré inférieur ou égal à 4 tels que, puisque $\alpha = x$:
$$\alpha^k = x^k \bmod q(x).$$

On a :
$$\begin{aligned}
\alpha^0 &= x^0 \bmod q(x) &&= 1 \\
\alpha^3 &= x^3 \bmod q(x) &&= x^3 \\
\alpha^6 &= x^6 \bmod q(x) &&= [(x^5+x^3+1)x + (x^4+x)] \bmod q(x) \\
&&&= x^4 + x \\
x^9 &= x^6 x^3 \\
\alpha^9 &= x^6 x^3 \bmod q(x) &&= (x^4+x)x^3 \bmod q(x) \\
&&&= (x^7 + x^4) \bmod q(x) \\
&&&= [(x^5+x^3+1)(x^2+1) + (x^4+x^3+x^2+1)] \bmod q(x) \\
&&&= x^4 + x^3 + x^2 + 1 \\
x^{12} &= x^9 x^3 \\
\alpha^{12} &= x^9 x^3 \bmod q(x) &&= (x^4+x^3+x^2+1)x^3 \bmod q(x) \\
&&&= (x^7+x^6+x^5+x^3) \bmod q(x) \\
&&&= [(x^5+x^3+1)(x^2+x) + (x^4+x^3+x^2+x)] \bmod q(x) \\
&&&= x^4 + x^3 + x^2 + x \\
x^{15} &= x^{12} x^3 \\
\alpha^{15} &= x^{12} x^3 \bmod q(x) &&= (x^4+x^3+x^2+x)x^3 \bmod q(x) \\
&&&= (x^7+x^6+x^5+x^4) \bmod q(x) \\
&&&= [(x^5+x^3+1)(x^2+x) + (x^2+x)] \bmod q(x) \\
&&&= x^2 + x
\end{aligned}$$

d'où l'expression polynomiale et la représentation vectorielle des α^k figurant dans (A) :

α^k	expression polynomiale	expression vectorielle
α^0	1	$(0,0,0,0,1)$
α^3	x^3	$(0,1,0,0,0)$
α^6	$x^4 + x$	$(1,0,0,1,0)$
α^9	$x^4 + x^3 + x^2 + 1$	$(1,1,1,0,1)$
α^{12}	$x^4 + x^3 + x^2 + x$	$(1,1,1,1,0)$
α^{15}	$x^2 + x$	$(0,0,1,1,0)$

L'équation (A) s'écrit sous forme matricielle :
$$\begin{pmatrix} 0 & 1 & 1 & 1 & 0 & 0 \\ 0 & 1 & 1 & 0 & 1 & 0 \\ 1 & 1 & 1 & 0 & 0 & 0 \\ 1 & 1 & 0 & 1 & 0 & 0 \\ 0 & 0 & 1 & 0 & 0 & 1 \end{pmatrix} \begin{pmatrix} 1 \\ A_2 \\ A_3 \\ A_4 \\ A_5 \\ A_6 \end{pmatrix} = 0.$$

On obtient :
$$A_2 = 0, \ A_3 = 1, \ A_4 = 1, \ A_5 = 1, \ A_6 = 1$$
d'où :
$$\mu_3(x) = x^5 + x^3 + x^2 + x + 1.$$
Le polynôme générateur du code est alors :
$$\begin{aligned}g(x) &= (x^5 + x^3 + 1)(x^5 + x^3 + x^2 + x + 1)\\ &= x^{10} + x^7 + x^5 + x^4 + x^2 + x + 1.\end{aligned}$$

2) Le code est de dimension :
$$r = 31 - \deg(g) = 21.$$
Il s'agit du code
$$\mathcal{BCH}_{31,\,21,\,5}$$
corrigeant (au moins) toutes les erreurs de poids inférieur ou égal à 2.

Exercice 2

1) Définir un code cyclique de longueur $n = 9$, de dimension $r = 3$.

2) Evaluer la capacité de correction du code.

3) Construire un code $\mathcal{BCH}$ de longueur 9, au moins 2-correcteur.

---

1) Un code $\mathcal{C}c_{9,3}$ a pour générateur un diviseur de $(x^9 + 1)$, de degré 6.

Le plus petit corps de décomposition de $(x^9 + 1)$ est $K(2^6)$, (Exercice VI 1), on a :
$$\begin{aligned}nz &= 9 \times 7\\ &= 63 \ = \ 2^6 - 1.\end{aligned}$$
Les racines $9^{\text{èmes}}$ de l'unité dans $K(2^6)$ sont les éléments du sous-groupe $H(9)$ du groupe multiplicatif G de K, et s'expriment en fonction d'un élément primitif β de $H(9)$ (par exemple $\beta = \alpha^z = \alpha^7$) :
$$H(9) = \left\{ 1,\ \beta,\ \beta^2,\ \beta^3,\ \ldots,\ \beta^8 \right\}.$$
Les classes cyclotomiques modulo 9 et les polynômes minimum correspondants sont :

$$\begin{array}{llll}\text{classe } 0 & : \ \{0\} & \Longrightarrow \mu_0(x) & \text{de degré } 1\\ \text{classe } 1 & : \ \{1,2,4,8,7,5\} & \Longrightarrow \mu_1(x) & \text{de degré } 6\\ \text{classe } 2 & : \ \{3,6\} & \Longrightarrow \mu_3(x) & \text{de degré } 2.\end{array} \qquad (B)$$

Le seul générateur possible est donc $\mu_1(x)$ que l'on peut calculer par l'une des méthodes indiquées au chapitre précédent, ou plus simplement en remarquant que la décomposition de $(x^9 + 1)$ s'obtient ici facilement puisque :

- $\mu_0(x) = (x + 1)$,
- l'unique polynôme irréductible de degré 2 est $(x^2 + x + 1)$,

donc :
$$x^9 + 1 = (x+1)\,\mu_1(x)\,(x^2 + x + 1)$$
d'où :
$$\mu_1(x) = x^6 + x^3 + 1.$$
Il n'existe qu'un seul code $\mathcal{C}c_{9,3}$, il est engendré par $g(x) = x^6 + x^3 + 1$.

2) Le polynôme générateur $g(x) = \mu_1(x)$ a, d'après (B), deux racines consécutives dans $H(9)$, β et β^2 (ou β^4 et β^5), ce qui correspond à une distance apparente $\delta = 3$, donc la distance minimale d (ou poids minimum) du code vérifie : $d \geq 3$. Remarquant alors que $g(x)$ est de poids 3, on peut affirmer que :

$$d = 3 \text{ d'où } t = 1.$$

Le code $\mathcal{C}c_{9,3}$ est 1-correcteur.

3) Pour qu'un code $\mathcal{BCH}$ de longueur 9 corrige toutes les erreurs de poids inférieur ou égal à 2, $g(x)$ doit avoir $w = 4$ racines consécutives en β. Choisissons β, β^2, β^3, β^4 dans $H(9)$, d'où en utilisant (B) :

$$g(x) = \mu_1(x)\,\mu_3(x), \text{ de degré 8.}$$

Remarquons que l'effectif des racines consécutives est alors 8, on peut donc assurer que le code corrige même toutes les erreurs de poids inférieur ou égal à 4.
Or nous savons que :

$$t \leq \left[\frac{n-1}{2}\right] = 4,$$

le code possède donc la plus grande capacité de correction des codes de longueur 9.
Il est de dimension $r = 9 - \deg(g) = 1$ et puisque $\delta = w + 1 = 9$, la distance minimale d vaut 9.

Il s'agit du code de répétition pure $\mathcal{C}c_{9,1,9}$:

$$\begin{array}{ll} 0 \text{ codé en} & (0,0,0,0,0,0,0,0,0) \\ 1 \text{ codé en} & (1,1,1,1,1,1,1,1,1). \end{array}$$

Exercice 3

1) Peut-on construire un code $\mathcal{BCH}_{31,9,5}$?

2) Etudier les codes $\mathcal{BCH}_{31}$ au point de vue de leur capacité de correction. Donner leur dimension.

3) Préciser parmi eux, les codes de Hamming de longueur 31.

---

1) Le générateur $g(x)$ d'un code $\mathcal{BCH}_{31,9,5}$ est de degré $(n - r) = 31 - 9 = 22$. Il est le produit de polynômes minimaux des racines de $(x^{31} + 1)$ dans $K(2^5)$.
Or tous les éléments de $K(2^5)$, sauf l'élément 1, sont primitifs, donc tous les polynômes minimaux sauf $(x + 1)$ sont primitifs donc de degré $m = 5$. On ne peut donc pas trouver de polynôme générateur de degré 22.

Il n'y a pas de code $\mathcal{BCH}_{31,9,5}$.

2) La décomposition de $(x^{31} + 1)$ comprend :
– un polynome minimal de degré 1 : $x + 1$,
– six polynomes minimaux primitifs de degré 5.

Les classes cyclotomiques modulo 31 sont :

classe	0	:	{0}				
classe	1	:	{1,	2,	4,	8,	16}
classe	3	:	{3,	6,	12,	24,	17}
classe	5	:	{5,	10,	20,	9,	18}
classe	7	:	{7,	14,	28,	25,	19}
classe	11	:	{11,	22,	13,	26,	21}
classe	15	:	{15,	30,	29,	27,	23}

On en déduit la liste des générateurs possibles des codes $\mathcal{BCH}_{31}$, leur degré, le nombre de racines consécutives de chacun d'eux, d'où la distance assignée au code correspondant, la capacité de correction t_{min} assurée et la dimension $r = 31 - \deg(g)$ des codes :

$g(x)$	$\deg(g)$	w	δ	t_{min}	r
$\mu_1(x)$	5	2	3	1	26
$\mu_1(x)\mu_3(x)$	10	4	5	2	21
$\mu_1(x)\mu_3(x)\mu_5(x)$	15	6	7	3	16
$\mu_1(x)\mu_3(x)\mu_5(x)\mu_7(x)$	20	10	11	5	11
$\mu_1(x)\mu_3(x)\mu_5(x)\mu_7(x)\mu_{11}(x)$	25	14	15	7	6
$\mu_1(x)\mu_3(x)\mu_5(x)\mu_7(x)\mu_{11}(x)\mu_{15}(x)$	30	30	31	15	1

Il y a donc 6 codes $\mathcal{BCH}$ au sens strict, de longueur 31, de dimension $r = 31-$(degré de (g)), à savoir :

$$\mathcal{BCH}_{31,26,3} \; ; \; \mathcal{BCH}_{31,21,5} \; ;$$
$$\mathcal{BCH}_{31,16,7} \; ; \; \mathcal{BCH}_{31,11,11} \; ;$$
$$\mathcal{BCH}_{31,6,15} \; ; \; \mathcal{BCH}_{31,1,31}.$$

3) Puisque tous les polynômes minimaux des racines, sauf $(x + 1)$, sont primitifs, chacun engendre un code de Hamming, de dimension $r = 31 - 5 = 26$.
Il y a donc six codes de Hamming cycliques $\mathcal{H}_{31,26,3}$, isomorphes et parfaits, c'est-à-dire corrigeant uniquement les erreurs de poids 1.

Exercice 4

Soit un code RS de longueur 7, de capacité de correction 2.

1) Donner les caractéristiques du code.

2) Déterminer le polynôme générateur du code sachant qu'il admet la racine 1. Donner une de ses matrices génératrices.

3) Quel est le mot codant l'information $(1, \alpha, \alpha^2)$?

4) Donner la capacité de correction du code binaire associé. Etudier la correction des erreurs de longueur l, si $3 \leq l \leq 6$.

1) La longueur du code est de la forme $2^3 - 1$, les symboles des mots sont donc des éléments de $K(2^3)$, corps de décomposition de $(x^7 + 1)$.

Le code sera 2-correcteur si le polynôme générateur $g(x)$ possède $w = 4$ racines consécutives dans $K(2^3)$. On choisit donc pour $g(x)$ un polynôme de degré 4. On en déduit la dimension et la distance minimale du code :

$$r = 3, \quad d = n - r + 1 = 5$$

Il s'agit donc d'un code : $\qquad RS_{7,3,5}.$

2) Soit la décomposition de $(x^7 + 1)$ dans $K(2^3)$, où α est un élément primitif :

$$(x^7 + 1) = (x+1)(x+\alpha)(x+\alpha^2)(x+\alpha^3)(x+\alpha^4)(x+\alpha^5)(x+\alpha^6).$$

Le générateur est de degré 4 et possède quatre racines consécutives dont la racine 1, il s'agit par exemple du polynôme :

$$\begin{aligned}
g(x) &= (x+1)(x+\alpha)(x+\alpha^2)(x+\alpha^3) \\
&= x^4 \\
&\quad + (\alpha^3 + \alpha^2 + \alpha + 1)\, x^3 \\
&\quad + (\alpha^5 + \alpha^4 + \alpha^2 + \alpha)\, x^2 \\
&\quad + (\alpha^6 + \alpha^5 + \alpha^4 + \alpha^3)\, x \\
&\quad + \alpha^6.
\end{aligned}$$

Choisissons $\alpha = x$ comme élément primitif et le polynôme irréductible $q(x) = (x^3 + x + 1)$ pour définir $K(2^3)$ par $B[x]/q(x)$, on a :

$$\alpha^k = x^k \bmod (x^3 + x + 1)$$

d'où le tableau ci-dessous des trois représentations des éléments du corps K :

α^k	polynome	vecteur
0	0	(0,0,0)
α^0	1	(0,0,1)
α	x	(0,1,0)
α^2	x^2	(1,0,0)
α^3	$x + 1$	(0,1,1)
α^4	$x^2 + x$	(1,1,0)
α^5	$x^2 + x + 1$	(1,1,1)
α^6	$x^2 + 1$	(1,0,1)

On peut établir la table d'addition de K ou simplement calculer à l'aide de ce tableau et de la relation $\alpha^3 = \alpha + 1$, les sommes apparaissant dans les coefficients de $g(x)$.

On obtient :
$$\begin{aligned}
\alpha^3 + \alpha^2 + \alpha + 1 &= \alpha^2 \\
\alpha^5 + \alpha^4 + \alpha^2 + \alpha &= \alpha^5 + \alpha(\alpha^3 + \alpha + 1) \\
&= \alpha^5 \\
\alpha^6 + \alpha^5 + \alpha^4 + \alpha^3 &= \alpha^5 + \alpha^3(\alpha^3 + \alpha + 1) \\
&= \alpha^5
\end{aligned}$$

d'où le polynôme :
$$g(x) = x^4 + \alpha^2 x^3 + \alpha^5 x^2 + \alpha^5 x + \alpha^6.$$

Matrice génératrice

Une matrice génératrice est la matrice caractéristique d'un code polynomial sur K :

$$G_K = \begin{pmatrix} 1 & 0 & 0 \\ \alpha^2 & 1 & 0 \\ \alpha^5 & \alpha^2 & 1 \\ \alpha^5 & \alpha^5 & \alpha^2 \\ \alpha^6 & \alpha^5 & \alpha^5 \\ 0 & \alpha^6 & \alpha^5 \\ 0 & 0 & \alpha^6 \end{pmatrix}.$$

3) La dimension du code étant 3, l'ensemble des mots d'information est un espace vectoriel de dimension 3 sur K, c'est-à-dire K^3. Le vecteur $i = (1, \alpha, \alpha^2)$ est codé à l'aide de la matrice G_K, par :

$$G_K \, i = \begin{pmatrix} 1 & & \\ \alpha^2 & 1 & \\ \alpha^5 & \alpha^2 & 1 \\ \alpha^5 & \alpha^5 & \alpha^2 \\ \alpha^6 & \alpha^5 & \alpha^5 \\ & \alpha^6 & \alpha^5 \\ & & \alpha^6 \end{pmatrix} \begin{pmatrix} 1 \\ \alpha \\ \alpha^2 \end{pmatrix} = \begin{pmatrix} 1 \\ \alpha^2 + \alpha \\ \alpha^5 + \alpha^3 + \alpha^2 \\ \alpha^5 + \alpha^6 + \alpha^4 \\ \alpha^6 + \alpha^6 + \alpha^7 \\ \alpha^7 + \alpha^7 \\ \alpha^8 \end{pmatrix} = \begin{pmatrix} 1 \\ \alpha^4 \\ 0 \\ \alpha^2 \\ 1 \\ 0 \\ \alpha \end{pmatrix}.$$

4) Les α^k étant représentables par des vecteurs binaires de longueur 3, un mot du code sous forme binaire est de longueur $n^* = 7m = 7 \times 3$.

Par exemple le mot de code précédent s'écrit :

$$(0,0,1,|1,1,0,|0,0,0,|1,0,0,|0,0,1,|0,0,0,|0,1,0)$$

les traits verticaux n'étant là que pour la clarté de la lecture.

a) Sur les mots binaires :
- une erreur de poids 1 est corrigée, elle appartient à un symbole α^k ;
- une erreur de poids 2 est corrigée, puisque les bits erronés sont situés soit sur un seul symbole α^k, soit sur deux ;
- les erreurs de poids 3, ne sont pas toutes corrigées car chacun des 3 bits erronés peut être positionné sur un symbole différent.

La capacité de correction du code binaire est donc 2.

b) Les erreurs de longueur l, avec $3 \leq l \leq 6$, sont corrigées si elles concernent au plus 2 symboles α^k, comme le montre le schéma suivant où les bits erronés sont les chiffres "1" :

- pour $l = 3$ et $l = 4$, les erreurs sont corrigées car elles ne peuvent correspondre qu'à 1 ou 2 symboles successifs,
- pour $l = 5$ et $l = 6$, seules les configurations concernant 2 symboles successifs sont corrigées, alors que certaines configurations peuvent être placées dans 3 symboles successifs.

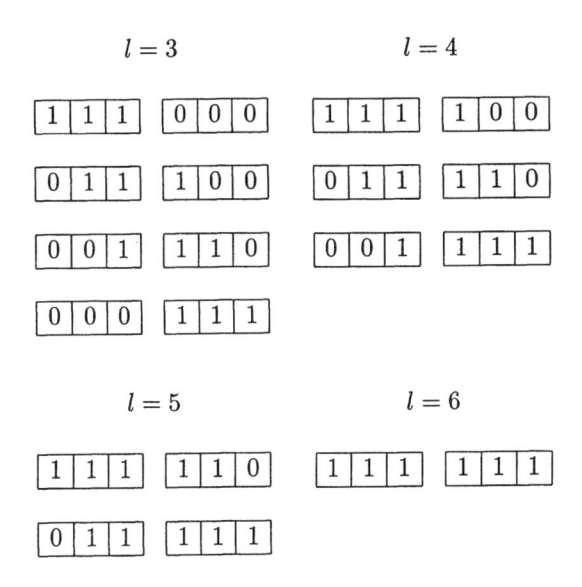

$l = 3$

| 1 | 1 | 1 | | 0 | 0 | 0 |

| 0 | 1 | 1 | | 1 | 0 | 0 |

| 0 | 0 | 1 | | 1 | 1 | 0 |

| 0 | 0 | 0 | | 1 | 1 | 1 |

$l = 4$

| 1 | 1 | 1 | | 1 | 0 | 0 |

| 0 | 1 | 1 | | 1 | 1 | 0 |

| 0 | 0 | 1 | | 1 | 1 | 1 |

$l = 5$

| 1 | 1 | 1 | | 1 | 1 | 0 |

| 0 | 1 | 1 | | 1 | 1 | 1 |

$l = 6$

| 1 | 1 | 1 | | 1 | 1 | 1 |

Bibliographie

BOSE R.C. ; RAY-CHAUDHURI D.K. On a class of error correcting binary group codes. *Information and Control 3, 1960.*

CSILLAG P. Introduction aux codes correcteurs. *Ellipses, 1990*

DEMAZURE M. Algèbre. *Cassini, 1997.*

GLAVIEUX A. ; JOINDOT M. Communications numériques Introduction. *Masson, 1996.*

HAMMING R.W. Error detecting and Error correcting codes. *Bell System Tech. J.29, 1950.*

HOCQUENGHEM A. Codes correcteurs d'erreurs. *Chiffres-2, 1959.*

LACHAUD G. ; VLADUT S. Les codes correcteurs d'erreurs. *La Recherche, juillet-août 1995.*

MACCHI C. ; GUILBERT J.F. Téléinformatique (CNET-ENST). *Dunod, 1987.*

MERCIER D.-J. L'algèbre dans la correction des erreurs. *Bulletin de l'APMEP, avril-mai 1998.*

NUSSBAUMER H. Téléinformatique I Les erreurs et leur traitement. *Presses polytechniques romandes 1987.*

PAPINI O. ; WOLFMANN J. Algèbre discrète et codes correcteurs. *Springer-Verlag, 1995.*

POLI A. ; HUGUET L. Codes correcteurs Théorie et applications. *Masson, 1988.*

SAMUEL P. ; COUTURE M. Télécommunications et transmission de données. *Télé-université du Québec, Eyrolles, 1992.*

SPATARU A. Théorie de la transmission de l'information Tome 2 Codes et Décisions. *Technică (Bucarest) - Masson, 1973.*

VÉLU J. Méthodes mathématiques pour l'informatique. *Dunod, 3ème éd. 1999*

WADE J.G. Codage et traitement du signal. *Masson, 1991.*

Index

A
algorithme de correction
  par syndromes, 43
  par méthode de Meggitt, 110, 112
anneau, 71, 83
algèbre, 83
application linéaire, 14

B
base
  d'un code, 13
  d'un espace vectoriel, 12
  canonique, 12
bit, 1
  de contrôle, 4
  de parité, 4
  de redondance, 4
borne de Singleton, 47
Bose, 157

C
capacité
  de correction, 52
  de détection, 49
chiffres binaires, 1
classes
  cyclotomiques, 136
  d'équivalence par syndrome, 42
clé de contrôle, 4, 76
codage, 1, 18, 73
  systématique, 4, 13, 77
code, 3
  convolutionnel, 3
  $\mathcal{BCH}$, 157
    au sens strict, 158
    primitif, 158
  correcteur, 3
  cyclique, 102, 104
  de Hamming, 55, 56, 162
  de parité, 4
  de parités croisées, 6
  (longitudinale et transversale)
  de Reed-Solomon, 164
  de répétition pure, 53
  détecteur, 3
  linéaire, 13
  MSD, 165
  orthogonal, 21
  par blocs, 3
  parfait, 54
  polynomial, 71, 85
  $\mathcal{RS}$, (voir de Reed-Solomon)
  récurrent, 3
  systématique, 4, 20
  sur K, 164
  t-correcteur, 52
codes équivalents, 58
  isomorphes, 58
congrus, 82
contrôle, 2, 79
  (voir matrice, polynôme)
correction, 2
  automatique, 2, 40
  fiable, 50, 55
  par décision majoritaire, 54
  par syndromes, 41
  par la méthode de Meggitt, 110
corps
  de décomposition, 122
  d'extension, 122
  fini, 11
    des racines de l'unité, 122
cyclicité
  d'un code, 101
  d'un groupe, 129

D
décodage, 2
détection d'erreur, 2, 25
dimension
   d'un code, 13
   d'un espace vectoriel, 12
distance
   apparente, 154
   assignée, 157
   de Hamming, 46
   (ou entre vecteurs)
   minimale d'un code, 47
division euclidienne, 70

E
élément primitif, 129
erreur
   corrigible, 110
   de longueur l, 168
   de poids k, 24
   de transmission, 1
espace vectoriel, 12
exposant d'un groupe, 129

F
fonction
   de codage, 13
   de contrôle, 17
   injective, 13
   linéaire, (voir application)
   surjective, 18
   syndrome, 17

G
générateur
   élément –, 129
   polynôme –, 72
groupe fini, 127
   commutatif, 127
   cyclique, 129
   multiplicatif, 127

H
Hamming, 55
Hocquenghem, 157

I
idéal, 85

image d'une application linéaire, 13

L
loi binomiale, 5
longueur d'un code, 3

M
matrice
- de contrôle, 21
   caractéristique, 56, 109
   normalisée, 17
   sur K, 152
- des clés, 14
- génératrice, 18
   caractéristique, 74
   normalisée, 14
   sur K, 164
- transposée, 22

maximum separable distance, 165
Meggitt, 110
message, 3
méthode de Gauss, 23
modulo
   un nombre, 11, 129
   un polynôme, 76
mot
   d'information, 3
   de code, 3

N
noyau, 17

O
ordre
   d'un élément, 128
   de multiplicité, 121

P
paquet d'erreurs, 168
permutation circulaire, 101
poids
   d'un vecteur, 24
   minimum d'un code, 47
polynôme
   binaire, 69
   de code, 69
   de contrôle, 86
   d'information, 69

Index

générateur, 72
   d'un code $\mathcal{BCH}$, 157
   d'un code cyclique, 104
   d'un code $\mathcal{RS}$, 165
irréductible, 121
minimal, 134
primitif, 134
réciproque, 107
primitif
   code −, 158
   élément −, 129
   polynôme −, 134
probabilité
   d'erreur, 6
   d'erreur détectée, 5, 26
   d'exactitude après décodage, 2
      cas général, 53
      codes de Hamming, 59
      codes de parités croisés, 8
   du poids des erreurs, 40
   d'erreur résiduelle, 54
produit scalaire, 21

Q
queue d'un message, 16

R
racines
   conjuguées, 122
   consécutives, 154
   $n^{èmes}$ de l'unité, 122
   primitives, 132
   simples, 127

Ray-Chauduri, 157
redondance, 3
Reed, 164
rendement d'un code, 3
restitution, 2

S
schéma de Bernoulli, 5
Shannon, 1
Singleton, 47
Solomon, 164
sous-espace vectoriel, 13
sous-groupe, 128
suite binaire, 1
syndrome des messages, 17

T
tableau
   standard, 42
   standard réduit, 45
table de correction, 42, 110
taux de transmission, 3
trivial (diviseur), 85

V
vecteur
   binaire, 11
   de code, 12
   de correction, 39
   d'erreur, 24
   d'information, 12
   réciproque, 107
   sur K, 164
vecteurs orthogonaux, 21

Dans la COLLECTION **TECHNOSUP** :

Niveau **A** : Approche   Niveau **B** : Bases   Niveau **C** : Compléments

mathématiques :
- **Faire des maths avec *mathematica***, Initiation, thèmes d'étude 160 p. (B)   Norbert VERDIER
- **Analyse harmonique**, Cours et exercices 192 p. (B)   Bruno ROSSETTO
- **Codes correcteurs,** Principes et exemples 192 p. (C)   Josephe BADRIKIAN
- **Analyse spectrale** 192 p. (C)   Gilles FLEURY

mécanique quantique
- **La mécanique quantique et ses applications** 224 p. (C)   Alphonse et Marie-France CHARLIER

télécommunications :
- **Transmission de l'information** 192 p. (B)   Ph.FRAISSE, D.MARTY-DESSUS, R.PROTIERE
- **Architectures des réseaux et télécommunications** 192 p. (B)   Pascal LORENZ

signaux et systèmes
- **Signaux et systèmes continus et échantillonnés** 192 p. (B)   Michel VILLAIN
- **Signaux et systèmes linéaires** 192 p. (B)   André PACAUD
- **Modélisation et analyse des systèmes linéaires** 224 p. (C)   J.F.MASSIEU, Ph.DORLEANS
- **Techniques micro-ondes,** Dispositifs passifs et tubes micro-ondes 320 p. (C)   Marc HELIER
- **Optoélectronique,** Composants photoniques et fibres optiques 320 p. (C)   Zeno TOFFANO

automatique :
- **Systèmes asservis linéaires** 224 p. (B)   Michel VILLAIN
- **Problèmes d'automatique** 288 p. (B)   Christian BURGAT
- **Régulation PID en génie électrique** Etude de cas 256 p. (C)   Dominique JACOB
- **Commande automatique des systèmes linéaires,** utilisation de MATLAB 256 p. (C)V.MINZU, B.LANG
- **Ingéniérie de la commande des systèmes** 256 p. (C)   A.CROSNIER, G.ABBA
  B.JOUVENCEL, R.ZAPATA

électronique :
- **Des clés pour l'électronique,** Travaux dirigés illustrés par simulation 160 p. (A)   B. GIRAULT
- **Traitement du signal analogique,** Cours 224 p. (A)   Tahar NEFFATI
- **L'outil graphique en électronique et automatique** 224 p. (B)   J.BAILLOU, G.CHAUVAT,
  C.PEJOT
- **Modulation d'amplitude**, Cours et exercices 352 p. (C)   Francis BIQUARD
- **Electronique radiofréquence** 256 p. (C)   André PACAUD

génie électrique :
- **Circuits électriques,** Régimes continu, sinusoïdal et impulsionnel 192 p. (A) Jean-Paul BANCAREL
- **Le moteur asynchrone,** Régimes statique et dynamique 160 p. (B)   Luc MUTREL
- **Machines électriques,** Théorie et Mise en oeuvre Cours Supélec 256 p. (C)   Philippe BARRET
- **Modélisation et commande des moteurs triphasés** 256 p. (C) Guy STRUTZER, Eddie SMIGIEL
- **Les semiconducteurs de puissance** . Cours Supélec. 320 p. (C)   Pierre ALOÏSI

optique :
- **Exercices corrigés d'optique,** Optique instrumentale, optique de Fourier 192 p. (A) Joelle SURREL

génie mécanique :
- **Actions mécaniques, Statique, Inertie,** De la théorie aux applications 224 p. (A)C.CHEZE, F.BRONSARD
- **Mécanique générale,** Cours, exercices et problèmes corrigés 288 p. (B)   C.CHEZE, H.LANGE
- **Dimensionnement des structures,** Résistance des matériaux 224 p. (B)   Claude CHEZE
- **Transmissions mécaniques de puissance,** Boites de vitesses automatiques 288 p. (C)Philippe ARQUES

génie civil et matériaux :
- **Béton armé,** Application de l'eurocode 2 224 p. (B)   Ronan NICOT
- **Endommagement interfacial des métaux** 256 p. (C)G.SAINDRENAN, R.LE GALL, F.CHRISTIEN

génie énergétique :
- **Moteurs alternatifs à combustion interne**, De la théorie à la compétition 288 p. (B) Ph. ARQUES
- **Conception et construction des moteurs alternatifs** 288 p. (C) Ph. ARQUES
- **Transferts thermiques, application à l'habitat**, Méthode nodale 224 p. (C) H.CORTES, J.BLOT

chimie et génie chimique :
- **Comprendre la chimie organique**, Résumés et exercices corrigés 224 p. (A) A.LASSALLE, D.ROBERT
- **Chimie des solutions**, Résumés de cours et exercices corrigés 224 p. (A) Paul-Louis FABRE
- **Thermodynamique et cinétique chimique**, Résumés de cours et exercices 224 p. (A) P.-L.-FABRE
- **Réactions thermiques en phase gazeuse**, Modélisation 288 p. (C) Guy-Marie CÔME

génie de l'environnement :
- **Les traitements de l'eau**, Cours et problèmes d'examens 256 p. (B) Claude CARDOT
- **Techniques appliquées au traitement de l'eau** 256 p. (A) C.CARDOT, Ph.LAFARGE, N.ORTEGA G.PORTES, D.VINCENT

génie industriel :
- **Méthodes de développement des Grafcets** 160 p. (B) Bernard REEB
- **Analyse et maintenance des automatismes industriels** 192 p. (B) Alain REILLER

génie de production :
- **Méthodes, productique et qualité** 224 p. (A) Jean-Marie CHATELET
- **Organisation et génie de production** 224 p. (B) Francis LAMBERSEND
- **Méthode d'aide à la décision**, Approche théorique et études de cas 192 p. (B) Robert LABBE
- **Management de projet technique** 192 p. (B) C.CAZAUBON, G.GRAMACIA, G.MASSARD

informatique industrielle :
- **Circuits logiques programmables**, Mémoires, PLD, CPLD, FPGA. 256 p. (B) Alexandre NKETSA

informatique :
- **Approche du temps réel industriel** 160 p. (A) Jean-Marie DE GEETER
- **Gestion des processus industriels temps réel** 224 p. (B) Jean-Jacques MONTOIS
- **Belle programmation et langage C** 192 p. (C) Yves NOYELLE

génie logiciel :
- **La conception orientée objet, évidence ou fatalité** 224 p. (B) J.L.CAVARERO, R.LECAT
- **Interfaces graphiques ergonomiques**, Conception, modélisation 192 p. (B) J.-B. CRAMPES
- **Conception des systèmes d'information**, Méthodes et techniques 320 p. (B) P. ANDRE, A.VAILLY
- **Pratiques récentes de spécification**, Deux exemples : Z et UML 320 p. (C) P. ANDRE, A.Vailly

statistiques :
- **Statistique sans mathématique** 224 p. (A) J.BADIA, R.BASTIDA, J.R.HAÏT

droit privé :
- **Connaître et comprendre le droit**, Principes et cas pratiques 256 p. (B) Colette GABET
- **Questions de droit** 256 p. (A) Hubert LESUEUR